Kunden überzeugen und gewinnen

Verkaufen für Nicht-Verkäufer

Peter Gerst

1. Auflage

HAUFE.

Inhalt

Nicht-Verkäufer verkaufen besser — 5
- Kein Verkäufer-Typ? – Gut so! — 6
- Das Drückermodell hat ausgedient — 9
- Anders erfolgreich: authentisch verkaufen — 16
- Im Ernst: Verkaufen macht glücklich und zufrieden — 22

Erfolgsfaktor: Einstellung — 25
- Wer sich um seine Kunden kümmert, verkauft automatisch — 26
- Gute Laune – gute Abschlüsse — 29
- Stiften Sie Nutzen – der Profit kommt von allein — 34
- Denkfallen, Dilemmata – und starke Lösungen — 36
- Persönlich: Öffnen Sie sich — 42

In vertrauensvollen Kontakt kommen — 45
- Stressfrei akquirieren — 46
- So klappt's nachher mit dem Kundengespräch — 51
- Wie Sie souverän Wirkung entfalten — 54
- Rasch gute Beziehungen aufbauen — 58
- Kundentypen erkennen und passend reagieren — 67

Ehrliches Interesse schlägt ausgefeilten Werbesprech 75
- Vergessen Sie Ihr Produkt und Ihre Leistungen! 76
- Zeigen Sie Kompetenz durch Fragen 78
- Der Katalog »magischer« Fragen 81
- Überzeugen Sie durch spürbar interessiertes Zuhören 85
- Verkaufen Sie nach dem unschlagbaren
  Wenn-dann-Prinzip 89

Entspannt bei Einwänden, locker im Abschluss 95
- Einwände sind Chancen, keine Angriffe 96
- Der elegante Weg: verstehen statt dagegenhalten 98
- Zielsicher: auf gemeinsamen Gewinn hin verhandeln 100
- Zum Abschluss leiten, statt zum Abschluss drängen 104
- Auf Wiedersehen: in guter Erinnerung bleiben 109

Kunden dauerhaft binden 111
- Herausfordernd: verlässlich sein und verlässlich bleiben 112
- Nachhaltig: auch nach dem Abschluss Besonderes bieten 116
- Zukunftsweisend: nach dem Kauf ist vor dem Kauf 120
- Völlig okay: gute Leistung darf öffentlich gelobt werden 121

- Stichwortverzeichnis 125

Vorwort

In meinen Trainings, Seminaren und Coachings begegne ich immer wieder Menschen, die in ihrem Beruf Produkte, Dienstleistungen oder Ideen verkaufen sollen (und das durchaus auch wollen), die sich aber selbst als »Nicht-Verkäufer« typisieren und sich mit ihrer Aufgabe schwertun. Meist deshalb, weil sie Verkaufen als etwas Unehrliches und vielleicht auch Aufdringliches sehen. Das ist schade. Denn erstens funktioniert Verkaufen hervorragend, wenn man es ehrlich, authentisch und völlig unaufdringlich betreibt. Und zweitens könnten gerade diese »Nicht-Verkäufer« erfolgreich und mit sehr viel Freude verkaufen. Denn sie haben die beste Einstellung dafür: Sie interessieren sich ehrlich für Ihre Kunden und deren Bedarf.

Menschen spüren, ob es ihrem Gegenüber nur um Profit geht oder ob er ihnen wirklich Nutzen bringen möchte. Wenn Sie Letzteres persönlich wollen und von der Sache her auch können, dann fliegen Ihnen die Aufträge fast automatisch zu. Die Voraussetzung ist allerdings, dass Sie dabei ehrlich interessiert sind und sympathisch-souverän auftreten. Wenn Sie wissen möchten, was Sie alles tun und sagen können, damit Ihr Kunde Sie auch tatsächlich so wahrnimmt und erlebt, dann werden Sie in diesem TaschenGuide selbst echten Nutzen finden und künftig authentisch, glaubwürdig und gerade deshalb erfolgreich und mit viel Freude verkaufen. Versprochen!

Peter Gerst

Nicht-Verkäufer verkaufen besser

Gerade wenn Sie sich nicht als Verkaufsprofi sehen, haben Sie wahrscheinlich die besten Voraussetzungen, um leicht und erfolgreich zu verkaufen.

In diesem Kapitel erfahren Sie u. a., warum

- Sie als Nicht-Verkäufer in guter Gesellschaft sind,
- die übliche Vorstellung vom Verkaufen überholt ist,
- Sie Empathie, Authentizität und ehrliches Interesse viel weiter bringen als jeder Verkaufstrick.

Kein Verkäufer-Typ? – Gut so!

»Ich bin nicht so der Verkäufer-Typ.« Haben Sie das auch schon mal so gedacht? Oder vielleicht sogar ausgesprochen? Ich höre es seit vielen Jahren immer wieder in meinen Seminaren, Trainings und Coachings. Nicht nur, wenn es unmittelbar ums Verkaufen geht, sondern auch, wenn es sich darum dreht, Menschen von sich und seiner Sache zu überzeugen: von den Ideen, die man hat, von den Vorschlägen, die man einbringt, oder eben den Produkten und Leistungen, die man verkauft.

Wer in solchen Momenten von sich sagt, er sei nicht so der Verkäufer-Typ, will in der Regel damit ausdrücken, dass er die Sache, für die er steht, nicht so gut an den Mann oder die Frau bringen kann. Dahinter steht meist die Vorstellung, dass man als Verkaufsprofi gut reden können muss, dass man am besten auch extravertiert ist und kein Problem damit hat, zur Not auch aufdringlich zu sein und Leute zu beschwatzen … Alles Eigenschaften, die »Nicht«-Verkäufer nach eigener Einschätzung entweder nicht haben, oder auch gar nicht haben wollen, wie zum Beispiel die Eigenschaft, auch mal aufdringlich und schwatzhaft zu sein. Wenn Sie sich selbst auch nicht so als Verkäufer-Typ sehen, wird Ihnen das sicher bekannt vorkommen.

Wer sind die »Nicht-Verkäufer«-Typen?

Naheliegenderweise schätzen sich häufig Menschen als Verkaufslaien ein, die zwar auch »verkaufen«, aber nicht im eigentlichen Sinne Verkäufer sind: beispielsweise Chefs, die ihren Mitarbeitern neue Ideen oder Arbeitsweisen »verkaufen« wollen, oder Fachreferenten, die in Vorträgen ihr Wissen und ihre Erkenntnisse »verkaufen« möchten, oder Menschen, die sich selbst und ihre Fähigkeiten gut »verkaufen« wollen, um einen bestimmten Job zu bekommen oder um sich im Unternehmen stark zu positionieren.

Interessanterweise sehen sich aber auch viele Menschen als Nicht-Verkäufer-Typ, die durchaus Produkte und Dienstleistungen verkaufen, so beispielsweise Freiberufler, Einzelunternehmer, Geschäftsführer, Niederlassungs- und Abteilungsleiter, Ingenieure, Fachleute, Projektleiter ... alles Menschen, die neben ihrem Hauptjob auch noch irgendwie Produkte und Dienstleistungen vertreiben. Was sie alle eint: Sie machen das nicht wirklich gerne und sie glauben, dafür nicht die passenden Fähigkeiten zu haben.

Es gibt mehr »Nicht-Verkäufer« im Vertrieb, als man annimmt

Aber auch so mancher Verkaufsprofi denkt, nicht wirklich einer zu sein. Ich habe zu meiner eigenen Überraschung sehr viele Menschen getroffen, die im Vertrieb arbeiten und sich trotzdem nicht wirklich mit dem Verkäufer-Dasein identifizieren. Das sind in der Regel Menschen, die sich als Fachleute sehr gut mit einem Spezial-Arbeitsfeld auskannten und deshalb dazu erkoren wurden, in diesem Bereich Produkte oder Dienstleistungen zu verkaufen. Einige davon haben das Angebot eher widerwillig angenommen, andere durchaus gerne. Und dann haben sie den Job angetreten – und entweder ihre Vorurteile hinsichtlich des Verkaufens bestätigt gefunden, oder sie haben erlebt, dass die Produkte und Leistungen, von denen sie überzeugt waren, doch nicht so bereitwillig gekauft wurden, wie sie angenommen hatten. Woraus sie schlossen, dass sie eben doch nicht so die Verkäufer-Typen sind. Vielleicht ist es Ihnen auch so ergangen. Falls ja, habe ich eine gute Nachricht für Sie: Solche negativen Erlebnisse haben in der Regel nichts mit den eigenen verkäuferischen Fähigkeiten zu tun. Sie gründen vielmehr auf einem Missverständnis hinsichtlich dessen, was Verkaufen ist bzw. was Verkaufen sein kann. Doch dazu später mehr.

Zuvor will ich noch die Frage beantworten, woher ich weiß, dass es solche Menschen im Vertrieb und im Verkauf gibt und dass es auch noch viele sind. Ich weiß es ganz einfach deshalb, weil sie es irgendwann in meinen Verkaufstrainings erzählen. Entweder gleich zu Beginn, um mir zu signalisieren, dass es vergebliche Mühe ist, wenn ich ihnen, wie so viele andere vorher, mit den typischen Verkäufersprüchen und -weisheiten komme, die sie nicht brauchen und die bei ihnen nicht ziehen. Oder sie sprechen es irgendwann im Laufe des Trainings erfreut und erleichtert aus, weil sie gemerkt haben, dass ich eben nicht die üblichen stereotypen Verkaufsparolen mit ihnen durchgehe, sondern dass ich für eine ganz andere Art des Verkaufens stehe.

Wieso »Gut so!«?

Wenn der Satz kommt: »Ich bin ja nicht so der Verkäufer-Typ«, sage ich ganz einfach: »Gut so!« Sie fragen sich, warum das gut sein soll? Weil die bekennenden Nicht-Verkäufer in der Regel für eine Einstellung stehen, mit der sie ganz hervorragend verkaufen können: Sie wollen ihrem Kunden nämlich nichts andrehen, was dieser nicht braucht. Sie interessieren sich stattdessen für seinen wirklichen Bedarf und wollen ihm echten Nutzen bringen. Und das ist in vielerlei Hinsicht gut so – unter anderem, weil das übliche Modell, das bei vielen Menschen für das Verkaufen steht, schon lange an Wirkung verloren hat.

Das Drückermodell hat ausgedient

Drücker, das sind die reisenden Verkäufer, die oft jenseits des rechtlich Zulässigen Haustürgeschäfte tätigen und sich dabei allerlei Tricks bedienen, die teils krimineller, teils »nur« unmoralischer oder psychologischer Natur sind. Immer aber werden sie in Zusammenhang gebracht mit Unehrlichkeit und einer gewissen Penetranz. Auch wenn kaum jemand, der im Verkauf arbeitet, mit Drückermethoden unterwegs ist, unterstellen viele Menschen diese Methoden doch allen Verkäufern, vor allem den erfolgreichen. Verkäufer sind eben Menschen, die psychologische Tricks draufhaben, die nie die ganze Wahrheit sagen, die einem etwas versprechen, was nicht gehalten wird, die einen penetrant zum Kaufen drängen, die einen schwindlig reden können und so weiter und so fort.

Doch auch wenn es so wäre: Alle wissen inzwischen um die üblichen Verkäufertricks, die deshalb schon lange keine mehr sind. Käufer sind heute wesentlich selbstbewusster und informierter. Sie lassen sich nicht mehr so leicht beschwatzen, haben dank des Internets viele Vergleichsmöglichkeiten und im Zweifelsfall immer eine gute Alternative. Das gilt erst recht im beruflichen Umfeld, wenn der Käufer ein Geschäftsführer, Bereichsleiter oder gar Einkäufer ist.

> Wer nach den klassischen Verkaufsmethoden viel Druck macht, wird vielleicht zwar höflich ertragen, aber nicht wirklich gemocht und im Zweifel zugunsten angenehmerer Verkäufer fallengelassen.

Wer heutzutage im Vertrieb und Verkauf erfolgreich ist, der ist es fast immer deshalb, weil er sich eben gerade nicht mehr der überkommenen Methoden bedient. Statt »auf Teufel komm raus« seine Produkte an den Mann und die Frau bringen zu wollen, kann man im Verkauf auch die Haltung haben: Ich will und werde nur dann verkaufen, wenn mein Kunde das auch braucht, was ich ihm biete. Diese Haltung ist nicht nur für den Kunden angenehm, sondern auch für denjenigen, der verkauft. Und das Entspannende daran: Man muss noch nicht mal ein toller Redner sein.

Funktioniert prima: Verkaufen ohne viel zu reden

Als ich mit dem Verkaufen begann, ging es um Computer und Computersysteme. Und zwar zu einem Zeitpunkt, als die ersten PCs und Netzwerke in Unternehmen eingeführt wurden. Ich hatte zwar wenig technische Ahnung, wusste aber von meiner früheren Arbeit, welchen Nutzen sie bringen können. Von diesem Nutzen wollte ich andere Unternehmen überzeugen. Natürlich nicht mit üblen Drückermethoden. Die brauchte ich nach meiner Vorstellung auch gar nicht, weil meine Produkte ja hilfreich und die Leistungen unserer Firma ganz klar nützlich waren. Deshalb, so glaubte ich, würde es ausreichen, wenn ich mit ein bisschen rhetorischem Geschick möglichst viel Tolles über meine Angebote erzählte. Doch damit kam ich nicht weiter, wie ich schnell feststellte. Die Fachleute merkten irgendwann, dass mein Know-how begrenzt war, und für die Nicht-Fachleute war ich nur ein weiterer dieser viel redenden Verkäufer, denen es nur um Profit geht.

Weil ich mit Reden nicht weiterkam, machte ich aus der Not eine Tugend: Ich hielt meinen Mund und hörte so gut und intensiv zu, wie ich nur konnte. Das tat ich stets mit dem Interesse herauszufinden, was meine potenziellen Kunden wirklich brauchten. Wenn ich dies schließlich wusste, fuhr ich zurück in meine Firma und erklärte es meinen IT-kundigen Kollegen so lange, bis sie eine echte Lösung für unsere Kunden fanden. Der Weg zum Auftrag war dann nur noch sehr kurz. Und nicht nur das: Kunden bestätigten immer wieder, dass sie sich für uns entschieden hatten, weil sie merkten, dass ich ihnen nichts aufschwatzen wollte.

Was ich seitdem weiß und auch von anderen immer wieder bestätigt bekomme: Um erfolgreich zu verkaufen, muss man weder penetrant noch redegewandt sein. Und man braucht auch nicht mit psychologischen Tricks und rhetorischen Kniffen zu arbeiten. Es genügt, wertschätzend aufzutreten, Menschen zuzuhören, zu verstehen, was ihnen weiterhilft, und ihnen dann das anzubieten, was genau dafür geeignet ist.

Wie Sie diesen Weg gehen können, werde ich Ihnen in diesem TaschenGuide Schritt für Schritt zeigen. Zuvor will ich aber noch sichergehen, dass Sie ganz genau wissen, auf welche Art des Verkaufens Sie sich dabei einlassen. Dazu bedarf es noch einer kleinen Aufklärung über ein großes und unseliges Missverständnis.

Selten, aber doch stilprägend: der konkurrenzorientierte Verkäufer-Typ

Seit vielen Jahren treffe ich immer wieder auf zwei Gruppen von Menschen im Verkauf: Da sind die einen, die sich mit ihrer Arbeit schwertun, und da sind die anderen, die das Verkaufen als eine sehr beglückende Erfahrung erleben. Dabei habe ich lange nicht verstanden, warum die einen unter den Ansprüchen an sie als Verkäufer litten, während die anderen sich äußerst wohlfühlten damit.

Inzwischen weiß ich die Antwort. Es hat damit zu tun, dass viele Menschen im Verkauf und ebenso deren Chefs die immer gleiche einseitige Vorstellung davon haben, wie man dort zu agieren hat. Diese Vorstellung ist zumeist geprägt von dem Bild des redegewandten, smarten, kontaktsicheren, charmanten Verkaufstypen, dem es nichts ausmacht, auch mal aufdringlich zu sein, der jeden Kunden irgendwie kriegen will und der in jeder Begegnung stets auf Profit bedacht ist. Diese Menschen gibt es, und sie sind mit ihrem Verkaufsstil auch durchaus erfolgreich ... aaaaaaaaber: sie sind in der absoluten Minderheit! Nach meinem Eindruck sind es höchstens 15% der Verkaufenden, die so agieren und mit diesem Stil glücklich sind. Ich nenne sie die »Kampf- & Dampf«-Verkäufer. Sie erleben Verkaufen als Kampf, bei dem es ums Gewinnen geht und auch darum, besser zu sein als die Konkurrenz. Sie sind glücklich, wenn sie den Auftrag mit nach Hause nehmen und im Wettbewerb um die höchsten Gewinne und Provisionen möglichst weit vorne stehen.

> Achtung, Vorurteil! Das bedeutet aber nicht zwangsläufig, dass diese Verkäufer einen schlechten Charakter haben. Ich kenne eine ganze Reihe solcher Menschen, die nicht nur persönlich sehr sympathisch sind, sondern auch ganz und gar integer mit ihren Kunden umgehen.

Was Verkäufer dieses Typs antreibt, ist weniger die Idee, Nutzen zu bringen, sondern der Spaß daran, das Geschäft zu machen. Der Nutzen des Kunden ist dabei *ein* Faktor, um besser zu verkaufen, aber nicht das Ziel, das sie anspornt. Und weil es ihnen in erster Linie um das Gewinnen geht, nehmen sie in Kauf, auch mal nicht so gemocht zu werden oder penetrant und aufdringlich zu wirken.

Sie entsprechen damit einem Persönlichkeitstyp, dem Kampf, Wettbewerb und Auseinandersetzung Spaß bereitet, der davon richtig motiviert und beflügelt ist. Menschen dieses Typs sind meist extravertiert, stehen gerne im Rampenlicht und verfügen über viel Selbstbewusstsein. Sie verkünden daher ihre Erfolge meist auch laut und preisen ihren Stil lautstark als den einzig wahren an. Mit dieser Lautstärke haben diese Verkäufer-Typen das Bild des Verkaufens in der Öffentlichkeit geprägt. Das hatte und hat leidvolle Folgen:

1. Auch Menschen mit einem ganz anderen Persönlichkeitstyp glauben, sie müssten, um erfolgreich zu sein, genauso verkaufen wie der konkurrenzorientierte Verkaufstyp.

2. Fast alle Chefs und Vertriebsleiter erwarten und verlangen, dass ihr Verkaufspersonal genauso unterwegs ist wie die konkurrenzorientierten Verkäufer. Sie sitzen damit dem oben beschriebenen Vorurteil auf, dass nur Lautstärke und extravertiertes Verhalten Vertriebserfolge garantieren.

3. Die Folge dieser Folgen: Menschen versuchen auf eine Art und Weise zu verkaufen, die weder ihrem Persönlichkeitstyp entspricht noch ihrer Werte- und Motivationsstruktur .... mit dem Ergebnis, dass sie sich damit schwertun, nicht sehr glücklich sind dabei und von Kunden als unsicher und nicht authentisch wahrgenommen werden. Was wiederum dazu führt, dass sie oft tatsächlich etwas weniger Erfolg haben als die diejenigen, die unbeschwert so verkaufen, wie es ihrem Typ und ihrem Temperament entspricht.

Die gute Nachricht: Nicht nur wettbewerbsorientierte Verkäufer sind erfolgreich. Es gibt einen weiteren Typ, der super verkaufen kann …. wenn er sich dabei auf seine Stärken besinnt und sie ausspielt: den empathisch-authentischen Verkäufer.

Hohes Potenzial und doch unterschätzt: der empathisch-authentische Verkäufer-Typ

Den empathisch-authentischen Verkäufer freuen und motivieren Aufträge und Provisionen natürlich auch. Ihn spornt es aber im Gegensatz zu seinem wettbewerbsorientierten Kollegen mehr an, dem Kunden nützlich zu sein und deswegen am Ende nicht nur einen Auftrag zu gewinnen, sondern auch noch ein ehrliches Danke zu hören. Ihm ist es also vor allem wichtig, in gutem Kontakt zu anderen Menschen zu sein, eine Beziehung zu ihnen aufzubauen, ehrlich und authentisch auftreten zu dürfen und helfen zu können.

Oft findet er deshalb klassische Verkaufsleitfäden, rhetorische Fragen und die Phrasen aus einschlägigen Verkäuferbibeln nicht hilfreich, sondern eher befremdlich und beziehungsstörend. Statt sich auf den Kunden vor ihm konzentrieren zu können, lenken sie ihn ab und verhindern, authentisch reagieren zu können. Und genau damit beginnt für viele Verkäufer dieser Couleur das große Leiden. Sie unterdrücken ihre Fähigkeit zur Empathie und zum sympathisch-authentischen Umgang mit anderen Menschen und handeln stattdessen quasi wider ihre Natur: Sie versuchen, so aufzutreten, zu sprechen und zu handeln wie die konkurrenzorientierten Verkäufer. Warum? Weil sie, wie so viele, dem Mythos aufsitzen, nur »Kampf & Dampf«-Verkaufen wäre wahres Verkaufen. Das ist mehr als nur schade. Denn mit ihrer leiseren beziehungs- und menschenorientierten Einstellung können sie genauso und möglicherweise sogar noch erfolgreicher verkaufen.

Welcher Verkäufer-Typ sind Sie?

Wie ist das bei Ihnen? Gehören Sie zu denen, die auch schon gedacht und gesagt haben »Ich bin nicht so der Verkäufer-Typ«, und damit den bildprägenden »Kampf- & Dampf«-Verkäufer meinten? Oder gehören Sie vielleicht zu jenen, die sehr viel Freude und Spaß am Verkaufen haben und sich mit gutem Gefühl als leidenschaftlicher, konkurrenzorientierter Verkäufer erleben? Beides ist völlig okay und beides kann sehr erfolgreich sein. Entscheidend ist nur: Ihr Verkaufsstil sollte zu Ihrem Typ passen. Dann motiviert und beflügelt er Sie und macht Sie im persönlichen Umgang mit Kunden sehr überzeugend und gewinnend.

Anders erfolgreich: authentisch verkaufen

Wenn Ihre Vorstellung von erfolgreichem Verkaufen bisher die war, dass es dabei hauptsächlich darum geht, die eigenen Produkte geschickt und gewieft in einem möglichst positiven Licht darzustellen, dann ist es jetzt an der Zeit, sich davon zu verabschieden. Wenn wir selbst als Kunden unterwegs sind, wissen wir, dass es auch anders geht. Seltsamerweise vergessen wir es, sobald wir verkaufen.

Lassen Sie sich auf ein Gedankenexperiment ein und wechseln Sie die Perspektive: Stellen Sie sich vor, Sie sind Kunde. Was erwarten Sie von einem gut verlaufenden Verkaufsgespräch? Wahrscheinlich, dass Sie erst einmal kurz sagen, was Sie möchten, und dass der Verkäufer Ihnen dann antwortet. Aber erwarten Sie und wünschen Sie auch, dass Sie ab jetzt nicht mehr zu Wort kommen, sondern dass der Verkäufer Ihnen lang und breit erzählt, welche seiner Produkte am besten für Sie sind? Wohl kaum! In solchen Momenten haben wir doch eher das Gefühl, dass sich der Verkäufer überhaupt nicht für uns und unser Anliegen interessiert. Er fragt ja gar nicht genauer nach, um was es uns geht. Er vergewissert sich auch überhaupt nicht, ob er richtig verstanden hat, was wir meinten. So wie er agiert, scheint ihn nur eine Sache zu interessieren: die seine. Anstatt mit Ihnen über *Ihr* Anliegen zu sprechen, spricht er nur über *seine* Sache, die er so toll findet, dass er meint, Sie sollten sie auch haben – ob Sie sie wirklich brauchen oder nicht, interessiert ihn offenbar gar nicht.

Wie absurd eine solche Vorgehensweise ist, wird ganz offensichtlich, wenn man sich vorstellt, ein Arzt würde sich so verhalten.

BEISPIEL: BEIM ARZT

Nehmen wir einmal an, Sie gehen zu einem Internisten. In der Sprechstunde erklären Sie: »Ich habe seit einiger Zeit immer wieder unerklärliche Schmerzen im Bauch.« Daraufhin bekommt der Arzt leuchtende Augen und sagt: »Da habe ich genau das Richtige für Sie. Hier, diese sensationell innovativen roten Pillen! Sie wurden von einem der Tophersteller, der Firma PharmaPille_plus, in aufwendigen Versuchsreihen entwickelt. Allein wenn Sie sich die Inhaltsstoffe anschauen, sehen Sie, dass diese Pillen das Allerfeinste sind, was Sie auf dem Markt aktuell bekommen können. Also, wenn Sie meinem Rat folgen, dann nehmen Sie die. Das sind die Pillen, die ich am häufigsten und am liebsten verordne.«

Alles klar? Würden Sie einem solchen Arzt vertrauen und seinem Rat folgen? Natürlich nicht! Er hat ja noch nicht einmal eine ordentliche Diagnose getroffen. Wie kann seine Empfehlung dann überhaupt richtig sein? Was müsste der Arzt stattdessen tun, um unser Vertrauen zu gewinnen? Wir alle kennen die Antwort: sich empathisch für uns interessieren, viel fragen und nachhaken, abwägen und dann erst eine Empfehlung aussprechen.

Tatsächlich gibt es Untersuchungen, die bestätigen, dass Menschen umso seltener Arztempfehlungen folgen, je kürzer und oberflächlicher die Diagnose war. Man kann es auch anders formulieren: Je mehr sich ein Arzt für uns interessiert und sich spürbar in uns hineinfühlt, desto mehr vertrauen wir ihm und desto überzeugter sind wir von seiner Kompetenz. Das ist eine ganz typische menschliche Reaktionsweise. Deshalb findet sie sich genauso auch im Verhältnis zwischen dem Kunden und dem Verkäufer.

Interesse und Empathie schlagen Werbesprech und Verkaufsrhetorik

Was uns im Arzt-Beispiel völlig logisch erscheint, wird im Verkauf leider immer noch viel zu wenig berücksichtigt: Verkäufer sind oft viel zu produktfixiert und kümmern sich zu wenig um den Menschen und seinen Bedarf. In meinen Trainings-on-the-Job erlebe ich das immer wieder, ebenso in nachgestellten Trainings-Simulationen.

BEISPIEL: VERKAUFSRHETORIK UND WERBESPRECH

Ein Kunde sagt im Verkaufsgespräch: »Wir überlegen, unsere Produktion zu modernisieren. Unser Eindruck ist, dass sie nicht so effizient ist, wie sie sein könnte. Wir suchen deshalb nach Möglichkeiten, dies zu verbessern.« Der Verkäufer, der eine dafür passende Produktionsanlage vertreibt, legt sofort los, sein Produkt zu bewerben, herauszustellen, was es alles kann, was er und sein Unternehmen alles können und warum das Produkt so toll und neu und modern und innovativ ist ... Aber das alles Entscheidende fehlt: die genaue Diagnose bzw. die fachlich saubere Bedarfsanalyse.

Vielleicht verkauft der Verkäufer trotzdem ... weil er vielleicht zufällig als Einziger tatsächlich den Bedarf getroffen hat oder weil er die besten Bedingungen zusicherte. Aber was passiert, wenn der Kunde noch einen weiteren Verkäufer einlädt, einen, der nicht sofort mit seinen Angeboten loslegt, sondern anders verkauft?

BEISPIEL: INTERESSE UND EMPATHIE IM VERKAUF

Die gleiche Ausgangssituation wie oben, doch der zweite Verkäufer stellt erst einmal Fragen wie: »Was genau haben Sie bislang getan, um die Produktion effizienter zu machen? Was soll hinterher anders sein? Was soll genau bewirkt werden? Woran messen Sie, dass die Wirkung eingetreten ist? Was ist Ihnen wichtig bei der Umsetzung?« Außerdem hört dieser Verkäufer dem Kunden erkennbar aufmerksam zu, notiert dessen Antworten, prüft zwischendurch mal, ob er alles richtig verstanden hat, indem er wiederholt, was der Kunde gesagt hat. Seine Empfehlung spricht dieser Verkäufer schließlich erst nach einer längeren Analyse aus. Er sagt: »Wenn Sie, wie Sie mir erklärt haben, ... bewirken wollen und Sie auf ... Wert legen, dann empfehle ich Ihnen diese Maschine.«

Angenommen, Sie wären der Kunde. Wem würden Sie den Zuschlag geben? Wahrscheinlich doch dem zweiten Verkäufer, oder? Und zwar eben nicht, weil dieser sein Produkt so toll beschrieben hat, sondern weil Sie in der Einstellung des Verkäufers, seiner ganzen Haltung, seinem Umgang mit Ihnen gemerkt haben, dass er wirklich an Ihnen und an dem interessiert ist, was Sie brauchen und was Sie weiterbringt. Und wenn er bei alldem auch noch aufmerksam war, Ihnen gegenüber Wertschätzung zeigte und auf natürliche und authentische Weise auf Sie reagiert hat, dann wird das ein weiterer Grund sein, ihm den Auftrag zu erteilen.

> Der Zuschlag für einen Auftrag erfolgt häufig nicht wegen fachlichen Spezialwissens, besonderer rhetorischer Fähigkeiten oder verkaufspsychologischer Tricks, sondern allein aufgrund der Tatsache, dass sich der Kunde bei Ihnen gut aufgehoben und in seinen Belangen ernst genommen fühlt.

Authentizität schlägt vorgespieltes Interesse

Empathisch zu sein heißt, sich in die Welt eines anderen Menschen einzufühlen und einzudenken. Ob sich dies im Falle eines Kunden positiv auswirkt, hängt viel davon ab, ob dieses Einfühlen mit ehrlichem Interesse geschieht. Der Grund: Wir strahlen über unsere Körpersprache und Sprechweise das aus, was wir denken und fühlen. Das bedeutet: Wenn wir uns wirklich für unseren Kunden interessieren und nicht allein für das Geschäft, das wir mit ihm machen wollen, dann wird er das merken. Und zwar an unserer Art zu fragen und zu sprechen. Genauso wird ein Kunde es umgekehrt spüren, wenn es uns allein um den Profit geht. Es fällt auf, wenn ein Verkäufer Gewinn wittert und sich dabei vielleicht unbewusst die Hände reibt. Und es fällt auch auf, ob ein Verkäufer »ganz Ohr« ist oder mit den Gedanken irgendwo anders, zum Beispiel bei seinem Verkaufsleitfaden oder den trainierten Sätzen aus der letzten Verkaufsschulung.

Menschen sind sehr feinfühlig, wenn es um Widersprüche geht zwischen dem, was jemand sagt, und dem, was er dabei mit seiner Körpersprache und durch seine Sprechweise ausdrückt. Der US-amerikanische Kommunikationsexperte Albert Mehrabian hat dazu geforscht und eine Formel aufgestellt. Demnach vertrauen wir, wenn wir bei anderen einen Widerspruch zwischen ihren Worten und ihrer Körpersprache/Stimme wahrnehmen,

- zu 7 % auf die Worte,
- zu 38 % auf die Stimme und
- zu 55 % auf die Körpersprache.

Diese Formel wird häufig falsch interpretiert. Und zwar so, als würde die Wirkung jeder Aussage nur zu 7 % von ihrem Inhalt abhängen. Das gilt aber nur, wenn dieser Inhalt der Körpersprache und der Sprechweise widerspricht. Tut er das nicht, dann hängt die Wirkung einer (Verkaufs-)Botschaft zu etwa 20 bis 40 % von den Worten und den Inhalten ab und zu etwa 60 bis 80 % von der Körpersprache und der Sprechweise.

Überträgt man die Mehrabian-Formel auf unser Thema, wird klar: Ein entscheidender Erfolgsfaktor im Verkaufsgespräch ist es, authentisch zu sein. Wobei »authentisch« nicht bedeutet, stets das auszusprechen, was man gerade denkt und fühlt. Es heißt vielmehr, dass man das, was man gerade sagt, auch wirklich so meint und empfindet. Handelt man nicht danach, wird ein Kunde dies spüren und einem Verkäufer nicht allzu sehr vertrauen.

Im Ernst: Verkaufen macht glücklich und zufrieden

Ich weiß, es ist kaum vorstellbar, dass die Aussage aus der Überschrift stimmen könnte, vor allem dann nicht, wenn man Gedanken hegt wie: »Ich muss verkaufen. Ich muss den Kunden überzeugen. Ich muss auf jeden Einwand etwas parat haben. Ich muss mehr Umsatz machen.« Noch schwerer wird es, sich vorzustellen, dass Verkaufen glücklich und zufrieden macht, wenn man daran denkt, was alles passieren kann, wenn man den Kunden nicht überzeugt, den Auftrag nicht bekommt, die Umsatzziele nicht erreicht usw. Alles Dinge, die alles andere als Glücks- und Zufriedenheitsgefühle auslösen. Und trotzdem gibt es zwei Wege, ein glücklicher und zufriedener Verkäufer zu werden:

1. Sie lernen, viel und gut zu verkaufen. Ich kenne keinen Verkäufer, der nicht glücklich und zufrieden wäre, wenn ihm dies gelingt. Deshalb ist es sinnvoll, stets daran zu arbeiten, wie man gut verkauft, so beispielsweise, indem Sie diesen TaschenGuide lesen ...

2. Sie lernen, Verkaufen als etwas zu empfinden, mit dem Sie anderen und damit auch sich selbst Nutzen bringen. Das funktioniert, wie ich selbst und viele meiner Seminarteilnehmer erlebt haben, indem Sie empathisch-authentisch verkaufen.

Mit einem Ja zum empathisch-authentischen Verkaufen können Sie einen wahren Schub in Sachen Glück und Zufriedenheit erleben:

1. Sie werden sich in Verkaufsgesprächen deutlich wohler fühlen, weil Sie sich jetzt auf Ihren Kunden konzentrieren und ihm aufmerksam zuhören, statt sich auf Ihren Verkaufsleitfaden und die Verkaufsparolen zu fokussieren.
2. Und Sie können Ihren Werten entsprechend handeln und sich guten Gewissens dem Nutzen verpflichten, den Sie Ihren Kunden bringen, statt mit unbefriedigendem Gefühl nur irgendwelchen Abschlüssen hinterherzujagen. Mit gutem Gewissen deswegen, weil Sie wissen, dass der Kunde, dem Sie Nutzen bringen, auch der Kunde ist, der Ihnen ziemlich sicher den Auftrag gibt.

> Ich kann Ihnen bestätigen: Seit ich Verkaufen definiere als »Nutzen bringen und Menschen glücklich machen« macht es mir richtig Freude. Das tut es nicht nur, weil dadurch Geld auf mein Konto fließt – auch wenn das natürlich sehr angenehm ist –, sondern vor allem, weil ich weiß, dass ich mit jedem Verkauf etwas Gutes tue. Das wirkt jetzt vielleicht etwas pathetisch, stimmt aber: Denn kein Kunde würde mich bezahlen, wenn durch meine Mitwirkung oder mein Produkt nicht eines seiner Probleme gelöst, nicht ein Mangel, den er empfindet, beseitigt oder ein Wunsch, den er hat, erfüllt würde.

Das Tolle daran ist: Wenn Sie Verkaufen als etwas Nutzbringendes, Befriedigendes erleben und beginnen, sich auf Kunden und Verkaufsgespräche zu freuen, werden Sie automatisch an positiver Ausstrahlung gewinnen. Jeder, der im Verkauf tätig ist, weiß: Wer glücklich und gut drauf ist, verkauft leichter und erfolgreicher. Und wer leicht und erfolgreich verkauft, ist in der Regel glücklich und gut drauf. Ich nenne das den Smiley-Smiley-Kreislauf. Leider sorgen das Leben und manchmal auch wir selbst dafür, dass wir immer mal wieder aus diesem Kreislauf herausfallen. Gut, wenn Sie dann wissen, wie Sie wieder zu einer positiven Ausstrahlung finden – gerade dann, wenn es gleich ins nächste Kundengespräch geht. Was dabei hilft, lesen Sie im nächsten Kapitel.

Auf einen Blick: Nicht-Verkäufer verkaufen besser

- Wer sich »nicht so als Verkäufer-Typ« sieht, hat meist die besten Voraussetzungen, um erfolgreich zu verkaufen: Er interessiert sich mehr für die Bedürfnisse des Kunden als für leere Verkaufsrhetorik.
- Es gibt zwei Verkäufer-Typen: die »Kampf- & Dampf«-Verkäufer und die empathisch-authentischen Verkäufer. Obwohl die ersten in der Minderzahl sind, haben sie das Bild vom typischen Verkäufer geprägt.
- Produkte mit Druck zu verkaufen, ist überholt. Heutige Käufer sind so mündig und informiert, dass sie sich eher auf Verkäufer einlassen, die ehrlich und authentisch auftreten und sich spürbar um ihre Bedürfnisse kümmern.
- Es bedarf keiner gewieften Verkaufstechniken, um erfolgreich zu sein. Erfolgreicher und nachhaltiger ist es, den echten Bedarf eines Kunden zu ermitteln, um ihm dann das anzubieten, was ihm nachweislich Nutzen bringt.
- Wer Verkaufen als etwas betrachtet, bei dem es darum geht, Menschen Nutzen zu bringen, wird nicht nur mit gutem Gewissen erfolgreich verkaufen, sondern auch selbst glücklich und zufrieden damit sein.

Erfolgsfaktor: Einstellung

Ihre Kunden spüren, ob Sie nur Profit machen oder ihnen echten Nutzen bringen wollen. Ihre innere Haltung ist damit ein entscheidender Verkaufsfaktor.

In diesem Kapitel erfahren Sie u. a.,

- welches Verhalten sich Kunden von Verkäufern wünschen,
- weshalb Ihre innere Haltung Ihre äußere Wirkung bestimmt,
- wie Sie durch eine bewusste Veränderung Ihrer Einstellung an persönlicher Ausstrahlung und Überzeugungskraft gewinnen.

Wer sich um seine Kunden kümmert, verkauft automatisch

Beim Verkaufen geht es nicht einfach darum, dass ein Produkt seinen Besitzer wechselt. Verkaufen bzw. Kaufen ist ein hochkomplexer sozialer Akt, in dem es immer auch um Bedürfnisse, Nutzen, Sympathie, Verständnis, Erwartungen und Gefühle geht. Klar, denn es agieren Menschen miteinander. Und Menschen ist nun mal all dies wichtig. Stets müssen sie erst einmal klären, ob und unter welchen Bedingungen sie kaufen bzw. verkaufen wollen. Dabei will der eine überzeugen und der andere sich überzeugen lassen. Aus Sicht des Verkäufers ist es daher wichtig zu wissen, was den potenziellen Kunden denn überzeugen würde.

Was ist Kunden beim Kaufen wichtig?

Eine erste Antwort auf diese Frage finden Sie in Ihren eigenen Erfahrungen. Erinnern Sie sich doch einfach einmal an Ihre erfolgreichsten Verkaufsgespräche. Wie sind diese abgelaufen? Welchem der beiden folgenden Gesprächsverläufe haben sie am ehesten entsprochen?

1. Die Begrüßung war neutral und sachlich. Der Kontakt war formell, es gab keinen Small Talk, keinen Austausch von Nettigkeiten, es ging rasch zur Sache. Eine emotionale Beziehung zwischen Ihnen und Ihrem Gegenüber kam nicht zustande. Im Gespräch ging es nur um das Produkt bzw. die Leistungen. Es wurden nur rationale Argumente ausgetauscht und Zahlen, Daten und Fakten betrachtet.

2. Die Begrüßung war freundlich und persönlich. Es gab angeregten Small Talk, einen lebendigen Austausch von Gemeinsamkeiten. Sie und Ihr Gegenüber fühlten sich wohl miteinander, die Chemie stimmte zwischen Ihnen beiden. Erst sehr spät ging es noch um das Produkt und die Leistungen.

Die Teilnehmenden in meinen Trainings erinnern sich fast alle daran, dass ihre erfolgreichsten Gespräche eher beziehungsorientiert-emotional wie im zweiten Beispiel verliefen. Sie auch? Seltsam, oder? Es geht doch ums Geschäft, ums Business, darum, dass die Zahlen stimmen und die Fakten passen ... Und doch machen wir alle die Erfahrung, dass in erfolgreichen geschäftlichen Gesprächen eben nicht nur rationale Überlegungen und sachliche Umstände eine Rolle spielen, sondern dass es oft emotionale und zwischenmenschliche Aspekte sind, die den Ausschlag geben.

Die Beziehung macht's

Die Kernfrage im Verkauf ist immer: »Worauf kommt es Kunden entscheidend an?« Dazu habe ich einige Ergebnisse aus der entsprechenden Forschung zusammengestellt:

- Circa 70 % der Kunden wandern zur Konkurrenz ab, weil sie sich missachtet oder gleichgültig behandelt fühlen. Nur rund 30 % der Kunden wechseln zur Konkurrenz, weil ihnen der Preis zu hoch oder die Qualität zu gering ist.

- Im Reklamationsfall bleiben circa 55 % der Kunden, wenn sie eine schnelle Antwort bekommen. Stattliche 94 % der Kunden bleiben, wenn sie eine schnelle und zufriedenstellende Antwort erhalten.

Aus diesen Feststellungen lässt sich Entscheidendes herauslesen:

1. Über zwei Drittel der Kunden kaufen woanders, weil Verkäufer menschlich schlecht mit ihnen umgegangen sind.
2. Wenn Kunden nach einer Reklamation nur eine schnelle Antwort bekommen – die nicht mal befriedigend sein muss (!) –, bleibt trotzdem über die Hälfte von ihnen. Das lässt sich unter anderem dadurch erklären, dass Kunden sich damit beachtet und persönlich besonders wahrgenommen fühlen. Und wenn die Antwort nicht nur schnell kommt, sondern auch noch zufriedenstellend ist, bleiben sie zu fast 100 %!

Im Verkauf kommt es also elementar auf die Beziehung zwischen Verkäufern und Kunden an.

> Um erfolgreich zu verkaufen, ist es am wichtigsten, sich so zu verhalten, dass der Kunde das Gefühl hat, wertschätzend, freundlich, respektvoll behandelt und natürlich auch kompetent beraten zu werden. Die gute Produktqualität ist dabei nur eine selbstverständliche Voraussetzung.

Dies bestätigt, dass man gar nicht der klassische Verkäufer-Typ sein muss, der seine Produkte toll anzupreisen weiß. Gerade wenn ich das nicht bin und so auch nicht sein möchte, weiß ich: Ich kann äußerst erfolgreich sein, wenn ich das tue, was mir eher liegt, nämlich mich zuerst um die Menschen und ihre Bedarfe zu kümmern und dann erst um das Produkt.

Das Grundprinzip lautet also: Erst die Beziehung, dann die Sache.

Gute Laune – gute Abschlüsse

Es scheint so einfach zu sein: Sie brauchen gegenüber Kunden nur wertschätzend, freundlich und respektvoll aufzutreten, und dann läuft's. Vorausgesetzt natürlich, Sie haben marktfähige Produkte und Leistungen anzubieten. Wenn es Ihnen darüber hinaus noch gelingt, Kunden so anzusprechen, dass sie glücklicher aus dem Gespräch hinausgehen, als sie hineingegangen sind, dann wird das mit dem Verkauf noch einfacher und leichter laufen. Das funktioniert natürlich nur, wenn Sie sich tatsächlich darauf freuen, mit Ihren Kunden zu sprechen, guter Laune sind und dies auch noch spürbar ausstrahlen. Die große Frage dabei ist: Wie schaffen Sie es, diese Ausstrahlung tatsächlich zu haben? Schließlich sorgen das Leben und der eine oder andere Kunde, Kollege oder Geschäftspartner dafür, dass Sie mal schlecht drauf sind und sich nicht auf Ihre Gesprächspartner freuen. Die Antwort lautet: Indem Sie als Allererstes akzeptieren, dass Sie sich in einem viel größeren Umfang selbst motivieren und selbst in gute Stimmung versetzen können, als Sie bislang vielleicht dachten.

Der »Gut-drauf«-Faktor Wahrnehmung

Unsere Wahrnehmung beeinflusst unsere Stimmung. Unsere Wahrnehmung ist allerdings nicht objektiv, sondern gefiltert. Ins Bewusstsein dringen nur jene Aspekte, die uns aktuell besonders wichtig erscheinen. Wenn uns ein Thema persönlich besonders betrifft, filtern wir aus den Sinneseindrücken diejenigen Informationen heraus, die dazu passen.

BEISPIEL: DER FILTER IN UNSEREM KOPF

Wer hungrig durch die Stadt läuft, dem springen Bäckereien, Imbissbuden und Ähnliches förmlich ins Auge. Wer sich gerade ein Auto gekauft hat, stellt fest, dass plötzlich viel mehr Fahrzeuge dieser Marke, dieses Modells und dieser Farbe auf den Straßen unterwegs sind als vor dem Kauf.

Dieser Filter-Mechanismus wirkt sich auch im Job aus. Wenn wir der Meinung sind, dass unser Produkt nicht perfekt genug ist oder die Stimmung im Verkaufsteam mies, werden wir in der Realität hauptsächlich die Ereignisse wahrnehmen oder, besser gesagt, herausfiltern, die diese Meinung bestärken ... Bis wir fest davon überzeugt sind, dass dies die unumstößliche und einzige Wahrheit ist und wir deshalb aus guten Gründen schlecht gelaunt sind. Allerdings haben wir eine Wahl: Es steht uns frei, nicht in die Wahrnehmungsfalle zu tappen, in der wir nur das Negative im Blick haben und das daneben existierende Positive nicht mehr sehen.

Uns geht es oft so wie den Automechanikern in Vertragswerkstätten, die in einer Umfrage meist nicht die eigene Marke als die qualitativ beste genannt haben. Als Grund stellte sich heraus: Sie haben die Qualität ihrer Fahrzeuge gar nicht mehr wahrgenommen, weil sie tagein tagaus nur mit den defekten Exemplaren ihrer Marke zu tun hatten ...

Nun kann auch ein skeptischer Automechaniker ein Auto hervorragend reparieren. Aber können wir im Verkauf überzeugend sein, wenn wir in unserer Wahrnehmung darauf fixiert sind, was an unseren Produkten und Leistungen vielleicht nicht perfekt ist? Oder darauf, was Verkaufen manchmal anstrengend und mühselig macht? – Wohl kaum. Besser ist es, seine Wahrnehmung darauf zu richten, was das Verkaufen und den Kontakt mit Kunden grundsätzlich schön und befriedigend macht. Dabei hilft, sich bewusst zu machen, welche Gedanken und Wahrnehmungen Sie in schlechte Stimmung versetzen, und mit welchen Gedanken und Wahrnehmungen Sie sich persönlich gut drauf bringen können. Je klarer Sie wissen, was bei Ihnen welche Wirkung hat, desto besser können Sie die für sich konstruktivste Einstellung wählen.

Konstruktive Einstellung Nr. 1: Freude am Verkaufen entdecken und sie bewusst erleben

Wie in jedem Job gibt es beim Verkaufen Momente, die einen belasten, stressen und ärgern. Dann sinken Laune und Motivation, und es mangelt an positiver Energie. Manchmal sind das nicht nur Momente, sondern sogar ganze Phasen. Phasen, in denen man sich vielleicht fragt: Warum tue ich mir das überhaupt an?

Gut, wenn Sie auf diese Frage eine starke Antwort haben. Eine, die Sie spüren lässt, was Ihnen das Verkaufen an Angenehmem und Befriedigendem ermöglicht. Und zwar auch dann, wenn es gerade beschwerlich ist. Diese Antwort finden Sie, indem Sie zehn Gründe aufschreiben, die Sie grundsätzlich positiv auf Ihre Arbeit, Ihre Kollegen, Ihre Kunden einstimmen. Was ist, unabhängig vom Tagesstress, das grundsätzlich Schöne und Befriedigende an Ihrem Verkaufsjob? Notieren Sie Ihre Antworten.

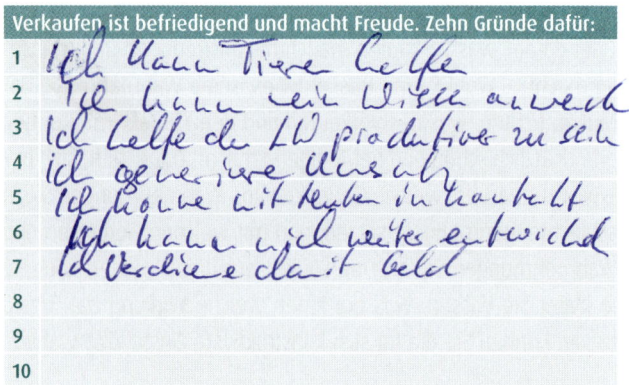

Verkaufen ist befriedigend und macht Freude. Zehn Gründe dafür:

1. Ich kann Tiere helfen
2. Ich kann mein Wissen anwenden
3. Ich helfe der LW produktiver zu sein
4. ich generiere Umsatz
5. Ich komme mit Leuten in Kontakt
6. Ich kann mich weiter entwickeln
7. Ich verdiene damit Geld
8.
9.
10.

Fallen Ihnen spontan keine zehn Gründe ein? Dann fragen Sie sich einfach mal, was Ihnen Ihr Verkaufsjob beispielsweise ermöglicht an schönen Begegnungen, Gestaltungsmöglichkeiten, Sicherheit, Selbstverwirklichung, Abwechslung, Eigenständigkeit, Erfolgserlebnissen, Lernmöglichkeiten, persönlicher Entwicklung. Zusätzlich können Sie sich auch fragen: Was würde mir fehlen, wenn ich diesen Verkaufsjob nicht hätte?

Ich mache diese Übung sehr häufig in meinen Vertriebsseminaren. Einigen Teilnehmenden fällt es sehr leicht, zehn Gründe zu finden. Andere brauchen ein wenig Zeit, finden sie dann aber genauso. Entscheidend ist: Wenn ein paar der Listen vorgelesen werden, spürt jeder: Ja, all das macht Verkaufen grundsätzlich zu einer Sache, bei der ich mich sehr gut fühlen und über die ich mich sehr freuen kann … *wenn* ich meine Gedanken dahin lenke und mich *bewusst* darüber freue. Dann setzt das sogar neue Energie und neue Lust frei, die mir helfen, das, was gerade nervt und belastet, leichter durchzustehen oder sogar aktiv zu verändern.

Konstruktive Einstellung Nr. 2: Jeden Tag auf »Freubarkeiten« freuen

Manchmal wird man morgens wach, denkt an zwei, drei unangenehme Dinge, die einen heute erwarten und ist sofort schlecht gelaunt. Das Urteil über den Tag ist damit gefällt: Es wird ein Misttag. Und man wird recht damit behalten, denn mit diesem Urteil haben wir zugleich unseren Wahrnehmungsfilter justiert: Jetzt wird er nur noch das in unser Bewusstsein dringen lassen, was dieses Urteil bestätigt. Also alles, was an diesem Tag irgendwie doof, blöd oder schlecht läuft. Oberdoof, wenn man an einem solchen Tag mit Kunden zu tun hat. Denn dann wird man kaum eine verkaufsförderliche positive Ausstrahlung haben. Auch hier hilft es, seine Wahrnehmung von den unangenehmen Situationen am Tag auf das zu lenken, worauf wir uns daneben freuen können. Das kann das Gespräch mit den Kollegen sein, eine Aufgabe, die Spaß macht, der Spaziergang in der Mittagspause, das Treffen mit einem Lieblingskunden oder einfach der Abend mit der Familie oder mit Freunden. All das sind »Freubarkeiten«, die wir jeden Tag genießen können. Dieses Wort gibt es zwar nicht im Duden, ich habe es aber für mich erfunden, weil es so ähnlich klingt wie Kostbarkeiten. Denn genau das sind sie. Sie machen viele Momente des Tages kostbar ... *Wenn* wir unsere Aufmerksamkeit auf sie lenken, sie wahrnehmen und uns *bewusst* darüber freuen.

Legen sich eine kleine Liste Ihrer »Freubarkeiten« an, also all der Aspekte, die Sie jeden Tag aufs Neue erfreuen können.

Meine persönlichen »Freubarkeiten«

Spüren Sie ihnen nach: Welche davon haben die stärkste Wirkung? Welche der Aspekte bringen Sie wirklich gut drauf? Wenn Sie sie gefunden haben, dann konzentrieren Sie sich künftig nur auf diese.

Stiften Sie Nutzen – der Profit kommt von allein

Diese Überschrift können Sie in zweifacher Hinsicht verstehen:

- Zum einen als Aufforderung, im Verkauf aktiv dafür zu sorgen, dass Sie Ihren Kunden wirklich Nutzen bringen – einfach, weil Sie selbst dadurch automatisch auch Profit machen.
- Zum anderen als Einstellung im Sinne von: »Im Verkauf kümmere ich mich in erster Linie darum, dass ich Nutzen bringe, weil ich weiß, dass dadurch der Profit von allein kommt.«

Die Einstellung, Nutzen bringen zu wollen, ist genauso wichtig, wie ihn später tatsächlich zu erbringen. Warum? Weil sie dazu führt, dass Sie sich im Verkaufsprozess wirklich empathisch-authentisch verhalten, also genau so, wie Kunden es mögen.

Der Wahrheits-Check: Wollen Sie wirklich Nutzen bringen?

Alle, die im Verkauf und Vertrieb unterwegs sind, sagen, dass sie ihren Kunden Nutzen bringen wollen. Nach meiner Erfahrung ist dies bei vielen aber lediglich eine gutgemeinte Phrase. Das wird jedes Mal offensichtlich, wenn Verkäufer von einem Interessenten die Gelegenheit bekommen, sich über ihr Produkt oder ihre Leistung auszulassen. Meist legen sie dann sofort damit los, ihr Angebot blumig anzupreisen ... womit sie sich als jemand entlarven, dem es in erster Linie um sein Produkt und seinen Profit geht. Würde es ihnen jedoch wirklich um den Nutzen für den Kunden gehen, würden sie erst einmal gründlich nachfragen, was das Ziel des Kunden ist, was er bewirken will und was ihm dabei alles wichtig ist. Wie ist es bei Ihnen?

1. Schalten Sie sofort in den Präsentationsmodus?
2. Oder geben Sie erst mal nur eine kurze Antwort, um dann weiter im Diagnosemodus zu bleiben?

Wenn Sie nach der ersten Variante verfahren, dann gehen Sie wahrscheinlich noch mit dem Gedanken in ein Kundengespräch: »Ich will, werde oder muss dem Kunden jetzt unser

Produkt oder unsere Leistung verkaufen.« Wenden Sie die Variante Nr. 2 an, dann denken Sie wahrscheinlich: »Ich werde jetzt erst einmal herausfinden, was dieser Kunde genau braucht.«

Denkfallen, Dilemmata – und starke Lösungen

Es wäre allerdings ein großer Fehler, sich nur auf seine kundenorientierte Grundhaltung zu verlassen und sich nur oberflächlich um seine Produkte und Leistungen zu kümmern. Denn nach der vertrauensbildenden Bedarfsermittlung wird trotzdem irgendwann die Präsentation der Produkte und Leistungen kommen. Und dann sollten Sie dem Kunden die Aspekte und Produkteigenschaften darlegen können, die für ihn wichtig sind. Wie Sie Letzteres herausfinden und wie Sie es dann auch noch wirkungsvoll präsentieren, lesen Sie im Kapitel »Ehrliches Interesse schlägt ausgefeilten Werbesprech«. Hier geht es erst einmal um die Frage: Welche innere Haltung macht Sie beim Präsentieren erfolgreicher? Auch hier hat die Antwort etwas mit dem Umstand zu tun, dass wir stets das ausstrahlen, was wir im Inneren denken und fühlen. Das kann uns auf der einen Seite unglaublich überzeugend machen, uns andererseits aber auch mächtig viel Überzeugungskraft rauben.

Einstellungs-Falle: Seriös sein wollen

Seriös zu sein ist im Prinzip natürlich etwas Gutes. Allerdings kann die Art und Weise, wie man das bewerkstelligt, problematisch sein. Viele im Verkauf versuchen sich seriös zu zeigen, indem sie so sprechen wie Nachrichtensprecher. Diese sind ohne Zweifel seriös. Aber hat Sie ein Nachrichtensprecher schon mal so richtig motiviert, bewegt, emotional in Wallung gebracht? Wahrscheinlich nicht. Das sollen und wollen Nachrichtensprecher auch nicht. Sie möchten nur informieren. Deswegen reden sie völlig neutral und emotionslos. Im Verkauf geht es aber nicht nur ums Informieren, sondern darum, den Kunden zu überzeugen und zu begeistern. Wenn uns im Leben irgendetwas wichtig ist und wir darüber erzählen, dann reden wir nicht neutral darüber, sondern packen Emotion hinein. Genauso sollte das auch im Verkauf sein.

Einstellungs-Chance: Emotionen zeigen

Wenn ich nach den Vorstellungsrunden in meinen Seminaren die Teilnehmer frage, was sie von den Erzählungen der anderen in Erinnerung behalten haben, dann sind das immer zwei Dinge: das, was sie selbst irgendwie von vornherein interessierte, oder das, was jemand spürbar emotional erzählt hat. Intuitiv wissen wir: Wenn jemand bei einer Sache ein bisschen mehr Emotion zeigt als bei einer anderen, dann ist sie ihm wichtig.

Mit dieser Intuition reagieren auch Kunden auf das, was wir über unsere Produkte und Leistungen erzählen. Wenn sie wahrnehmen, dass wir mit einer gewissen Leidenschaft dahinterstehen, dann spüren sie, dass wir davon überzeugt sind. Sie sind dann auch eher bereit, sich von uns überzeugen zu lassen.

> Trauen Sie sich Emotionen zu zeigen. Denn nur, wenn Sie zeigen, dass Sie von Ihrer Sache begeistert, bewegt oder überzeugt sind, werden Sie auch andere begeistern, bewegen oder überzeugen.

Einstellungs-Falle: Seine Sache »zu toll« finden

Wie? Eben hieß es noch, man soll überzeugt und bewegt von seinem Angebot sein und das auch emotional rüberbringen – und jetzt ist das eine Falle? Nein, das ist als solches weiterhin gut. Allerdings sollten Sie Ihr Produkt, Ihre Dienstleistung nicht so toll finden, dass Sie Gefahr laufen, etwas Entscheidendes im Verkaufsprozess zu überspringen. So beobachte ich immer wieder: Wenn jemand voll hinter seinem Produkt steht und es richtig klasse findet, dann hat er das natürliche Bedürfnis, intensiv darüber zu sprechen. Das ist dann gut, wenn Kunden Genaueres darüber wissen möchten. In der Regel ist das aber erst der Fall, wenn sie nach einer ausführlichen Bedarfsermittlung das Gefühl haben: Der Verkäufer weiß, was ich brauche. Denn erst jetzt können sie sich sicher sein, dass das, was der Verkäufer bietet, tatsächlich ihrem Bedarf entspricht. Erst jetzt ist der Zeitpunkt gekommen, ausführlich und mit Begeisterung über seine Sache zu sprechen. Nicht früher! Da fehlt es noch an Vertrauen.

Einstellungs-Chance: Kundenperspektive einnehmen

Nehmen Sie den Blickwinkel des Kunden ein. Überfrachten Sie ihn nicht mit dem, was Sie an Ihrer Sache toll finden. Konzentrieren Sie sich lieber auf das, was davon für Ihr Gegenüber wichtig ist.

BEISPIEL: AUTOVERKÄUFER

Als Autoverkäufer bringt es beispielsweise nichts, von den Tempoleistungen und dem Kurvenverhalten des Autos zu schwärmen, wenn der Kunde sich für die bequemen Sitze und die Sicherheitstechnik interessiert.

Einstellungs-Dilemma: Lieber Spezialist oder lieber Universalist sein?

Wenn ich in Unternehmen Verkaufstrainings gebe, dann offenbaren sich nach und nach zwei Gruppen von Verkäufern: Jene, die sagen, dass man nur dann gut verkaufen kann, wenn man fachlich hochkompetent ist und viel über sein Produkt weiß. Die andere Gruppe sagt: Ja, klar man sollte schon einiges wissen. Wer aber zu sehr auf sein Wissen konzentriert ist, redet zu viel über das Produkt und kümmert sich zu wenig um den Kunden. Nachdem die Positionen klar sind, kommt unweigerlich die Frage an mich: »Herr Gerst, Sie sind doch Experte, wer verkauft denn besser?« Ich antworte dann: »Beide verkaufen besser«. Darauf höre ich in der Regel ein ratloses »Häh?« von beiden Gruppen. Meine Erklärung zu dieser schrägen Antwort: Die Universalisten verkaufen üblicherweise in der ersten Hälfte des Gesprächs am besten, wenn es darum geht, eine gute Beziehung aufzubauen und gründlich den Bedarf zu ermitteln. In der Phase der Präsentation verkaufen beide Gruppen etwa gleich gut. Wenn es dann aber an Einwände, Details, Hintergründe und Erklärungen geht, verkaufen die Spezialisten meist am besten.

Ist doch klar: Wer wenig über eine Sache weiß, wird auch nicht so viel darüber reden und sich automatisch auf den Kunden konzentrieren und viele vertrauensbildende Fragen stellen. Der Spezialist läuft hier Gefahr, seine Sache zu schnell in den Vordergrund zu rücken und in eine der oben beschriebenen Fallen zu tappen. Umgekehrt besteht beim Universalisten in der Einwands- und Klärungsphase das Risiko, dass er Halbwissen von sich gibt oder Unsicherheit statt Kompetenz ausstrahlt. Auch das gefährdet den Verkaufserfolg.

Die Lösung des Dilemmas

- Wenn Sie Spezialist sind: Halten Sie sich mit Ihrem Wissen zurück, bis es in der Präsentations- und Klärungsphase gefragt ist. Zeigen Sie stattdessen in der Beziehungsaufbau- und Bedarfsermittlungsphase viel Interesse am Kunden.
- Wenn Sie Universalist sind: Verlassen Sie sich auf Ihre Fähigkeit, Kunden glaubwürdig für Ihre Produkte zu interessieren. Eignen Sie sich darüber hinaus so viel Wissen an, dass Sie die typischsten Fragen sicher und fundiert beantworten können. Vermeiden Sie aber vor allem in der Einwands- und Klärungsphase so zu tun, als könnten Sie auch Fragen beantworten, die nur ein Spezialist wirklich sicher beantworten kann. Liefern Sie lieber nach oder holen Sie sich von vornherein einen Experten zur Seite.

Einstellungs-Dilemma: Wie gehe ich mit Schwächen meines Angebots um?

Wer ehrlich verkaufen möchte, gerät immer mal wieder in das Dilemma, einerseits um die Schwachstellen seines Angebots zu wissen, es andererseits aber trotzdem überzeugend und ohne schlechtes Gewissen verkaufen zu wollen. Vorausgesetzt, Sie haben etwas anzubieten, was Ihrem Kunden unter dem Strich mehr nützt als schadet, haben Sie in diesem Fall folgende Möglichkeiten:

1. Prüfen Sie, ob Ihr Unbehagen etwas mit dem Fehlerkenntnis-Paradox zu tun hat, dem die Automechaniker unterlagen: Diese haben ihre eigene Marke oft nicht als die beste eingestuft, weil sie deren Fehler zu gut kannten (siehe hierzu Kapitel »Gute Laune – gute Abschlüsse«). Die Kunden hatten dagegen eine andere Sicht. Fokussieren Sie sich deshalb auf das Positive. Natürlich ist kein Produkt perfekt. Betrachten Sie es künftig unter dem Aspekt: Was gefällt anderen Kunden daran? Das dürfen und sollten Sie im Verkaufsgespräch mit der entsprechenden Begeisterung erzählen.

2. Fragen Sie sich, ob die Ihnen bekannte Schwachstelle die Interessen des Kunden gefährdet. Wenn das zutrifft, erwähnen Sie es und suchen Sie nach einer Lösung. Wenn das nicht der Fall ist, gibt es keinen Grund, es aktiv anzusprechen. Wenn Sie eine Jacke kaufen, werden Sie auch nicht darauf hingewiesen, dass sich irgendwann einmal ein Knopf lösen könnte. Das ist auch nicht nötig. Kunden erwarten, dass die Dinge, die sie kaufen, ihren Zweck erfüllen, aber nicht, dass sie »unkaputtbar« sind.

3. Überlegen Sie, womit Sie sich innerlich vor dem Kundengespräch beschäftigen: mit dem, was Ihr Produkt alles kann, oder eher mit seinen Einschränkungen? Letzteres passiert häufig. Das ist der gleiche Effekt, der manchmal vor Prüfungen eintritt. Statt Souveränität daraus zu ziehen, dass wir 80 bis 90 % des Prüfungsstoffes beherrschen, verunsichern wir uns, indem wir an die paar Prozent Fakten denken, die wir vielleicht nicht parat haben. Wenn wir Ähnliches im Verkauf tun, dann beeinträchtigt das unsere Überzeugungskraft. Konzentrieren Sie sich vor und im Kundengespräch deshalb auf die Stärken Ihres Angebots. Das dürfen Sie, denn es ist ja wahr. Damit werden Sie ehrlich und trotzdem überzeugend über Ihr Angebot sprechen.

Persönlich: Öffnen Sie sich

Was macht einen Verkäufer glaub- und vertrauenswürdig? Fast alle, die ich das frage, antworten: »Wenn er authentisch ist!« Und doch haben viele, die etwas mit dem Vertrieb zu tun haben, das Gefühl, sie müssten sich im Verkaufsprozess irgendwie verstellen. Dabei zeigt die Lebenserfahrung, dass das Gegenteil zutrifft. Deshalb hier noch einmal ganz ausdrücklich: Wenn Sie erfolgreich verkaufen möchten, dann seien Sie authentisch! Wenn Sie das nicht sind, spüren das Ihre Kunden und werden Ihnen weniger trauen und weniger zutrauen. Aber aufgepasst: Wie bereits an anderer Stelle erwähnt, bedeutet Authentizität nicht, in jedem Moment alles auszusprechen, was Sie gerade innerlich bewegt. Die Authentizität, die im Geschäftsleben erwartet wird, meint lediglich, dass jemand das, was er sagt, genauso meint und sich passend dazu verhält.

Nur wer seine Persönlichkeit zeigt, wird als glaubwürdig erlebt

Lassen Sie uns ein Gedankenexperiment machen: Stellen Sie sich einen Menschen vor, der in jeder Situation freundlich, korrekt und höflich bleibt, bei dem Sie aber nicht so recht wissen, was er wirklich von Ihnen und dem, was Sie sagen, hält. Also jemanden, der seine Emotionen nicht zeigt und niemals etwas von sich und seinen Empfindungen preisgibt. Bei den meisten Menschen löst so jemand ein unterschwelliges Unbehagen aus. Wenn ich mich als Verkäufer auf diese Art und Weise zurückhalte, herrscht statt einer entspannten beziehungsorient-emotionalen Atmosphäre schnell eine kühle sachlich-rationale. Im Verkauf möchte ich aber, dass mein Kunde sich öffnet und sich wohlfühlt – was aber nur geht, wenn ich mich selbst öffne. Das funktioniert auf zweierlei Weise:

1. Erzählen Sie stets eine Kleinigkeit von sich: vom Urlaub, vom Sport, etwas von Ihren Kindern. Das müssen keine Geheimnisse sein. Es soll nur erkennen lassen, dass Sie keine Scheu haben, etwas von sich preiszugeben. Damit steigt die Wahrscheinlichkeit, dass auch Ihr Kunde etwas von sich erzählt.

2. Reagieren Sie auf das, was Ihr Kunde sagt, mit erkennbaren Emotionen. Das macht Sie als Persönlichkeit im besten Sinne greifbar und gibt Ihrem Kunden die Sicherheit, zu wissen, mit wem er es zu tun hat.

Vorsicht, Ausnahmen!

Es gibt zwei Situationen, in denen es kontraproduktiv ist, viel von sich zu zeigen und zu erzählen:

1. Reagiert Ihr Gesprächspartner auf Ihre persönlichen Bemerkungen sehr sachlich und nüchtern, haben Sie es mit einem Menschen zu tun, der sich wohler fühlt, wenn es nicht so »menschelt«. Dann sollten Sie es bei einem Minimum an Persönlichem belassen und schnell zur Sache kommen.

2. Wenn Sie in Verhandlungen stecken, hilft es nicht, sein Herz auf der Zunge zu tragen und zu zeigen, was emotional in Ihnen vorgeht. Hier ist ein »Pokerface« die bessere Wahl.

Auf einen Blick: Erfolgsfaktor Einstellung

- Kunden möchten wertschätzend und freundlich behandelt sowie kompetent beraten werden. Eine gute Produktqualität ist ebenso wichtig, wird mittlerweile jedoch als normal vorausgesetzt.
- Durch Ihre Körpersprache und Sprechweise wird sichtbar, hörbar und spürbar, was Sie denken und fühlen. Deshalb wird sich ein Kunde nur dann von Ihrem Angebot überzeugen lassen, wenn er erkennt, dass Sie selbst davon überzeugt sind.
- Wer sich im Verkauf auf seine Produkte konzentriert, wird sich in der Wahrnehmung des Käufers zu wenig um dessen Bedürfnisse und Interessen kümmern.
- Wenn Sie Ihre Kunden überzeugen möchten, sollten Sie Persönlichkeit zeigen und authentisch auftreten. Erst wenn Sie sich gegenüber dem Kunden öffnen, wird dieser sich für Sie öffnen.

In vertrauensvollen Kontakt kommen

Eine gute, stimmige Beziehung zu Ihrem Kunden ist die beste Voraussetzung, um ihn zu überzeugen und nachhaltig zu gewinnen.

In diesem Kapitel erfahren Sie u. a.,

- wie Sie Kunden schon in der Akquisephase entspannt und sympathisch ansprechen,
- wie Sie durch Ihr Auftreten schnell eine vertrauensvolle Beziehung aufbauen,
- welche Kunden-Grundtypen es gibt und wie Sie am passendsten auf sie reagieren.

Stressfrei akquirieren

Der Duden übersetzt den Begriff »akquirieren« unter anderem mit an- und herbeischaffen, beibringen. Alle diese Worte lassen uns Druck spüren. Und gerade als Nicht-Verkäufer-Typ hört man da schnell heraus: Du musst hartnäckig sein, unaufgefordert Fremde ansprechen und, wenn nötig, auch mal penetrant sein, manipulieren und selbst Druck machen. Das klingt unangenehm und nicht nach Spaß. Zum Glück geht Akquirieren auch ganz anders – und das sogar recht effektiv.

Warum Druck und Manipulation nichts bringen

Menschen kaufen dann, wenn sie etwas brauchen oder zumindest das Gefühl haben, etwas zu brauchen. Daran ändert auch das ganze Druckmachen und Überreden nichts. Gekauft wird erst, wenn ein Bedarf da ist. Dazu könnte ein »Kampf- & Dampf«-Verkäufer nun sagen: »Genau! Und deshalb tue ich alles dafür, dass er geweckt wird.« Mag sein, dass dies in dem einen oder anderen Fall gelingt. Meist hat es aber nur den Effekt, dass ein potenzieller Käufer sich vielleicht an diesen hartnäckigen Verkäufer erinnert, wenn der Bedarf dann endlich da ist. Diese Erinnerung kann ich aber auch auf anderem Wege erreichen. Einem Weg, auf dem der Käufer sich an mich nicht als penetranten Zeitgenossen erinnert, sondern als Verkäufer, der tatsächlich bedarfsorientiert verkauft.

> Ein afrikanisches Sprichwort lautet: Das Gras wächst nicht schneller, wenn man daran zieht.

Kundenanalyse statt Kundenakquise

Wie wäre es, wenn Sie ab jetzt mit Kunden nur noch Kontakt aufnehmen, um herauszufinden, ob sie Bedarf haben? Diese Haltung nimmt Ihnen Druck. Die Gespräche verlaufen viel entspannter und konstruktiver. Denn das, wovor man sich vielleicht fürchtet, nämlich abgelehnt zu werden oder mal einen harten Abwehrspruch zu hören, passiert einem dann fast gar nicht mehr.

Die Methode funktioniert ganz einfach, und zwar, indem Sie Kunden in vier Kategorien einteilen:

1. Kunde hat aktuell Bedarf.
2. Kunde hat zu einem bekannten späteren Zeitpunkt Bedarf.
3. Kunde hat aktuell keinen Bedarf, vielleicht aber in der Zukunft.
4. Kunde braucht etwas, was ich weder jetzt noch später habe.

Zunächst geht es also nur darum herauszufinden, in welche Kategorie Kunden gehören. Darüber können Sie offen, entspannt und manipulationsfrei mit ihnen sprechen. Denn alles, was bei einem solchen Gespräch passiert, ist im Interesse des Kunden:

1. Wenn er aktuell Bedarf hat, dann verabreden Sie sich mit ihm zu einem Gespräch, in dem dieser Bedarf genau geklärt wird. Sie steigen also sofort in den Verkaufs- und Beratungsprozess ein.
2. Wenn der Kunde aktuell keinen Bedarf hat, fragen Sie nach, ob er denn grundsätzlich interessiert ist. Wenn dem so ist,

können Sie anbieten, zusätzliche Infos zu senden, um später noch einmal nachzuhaken, ob sich aus den Informationen Fragen oder vielleicht sogar ein Bedarf ergeben haben.

3. Ist dieser Bedarf bereits sofort ohne zusätzliche Informationen absehbar, dann vereinbaren Sie, sich zum gegebenen Zeitpunkt wieder zu melden und verabschieden sich nach entsprechendem Dank aus dem Gespräch.

4. Wenn zeitlich kein Bedarf abzusehen ist oder der Kunde einfach kein Interesse signalisiert, akzeptieren Sie dies, bedanken sich für das Gespräch und verabschieden sich. Setzen Sie sich die Kontaktdaten aber auf Wiedervorlage und melden Sie sich nach einer angemessenen Zeit erneut, um genauso offen, entspannt und druckfrei nachzuhaken, ob jetzt vielleicht Bedarf besteht.

> Ein zweiter Anruf ist völlig okay, denn seit dem ersten Gespräch kann ja sehr viel passiert sein: Vielleicht hat sich der Markt verändert oder der Kunde hat sich neu ausgerichtet, will auf einen Mitbewerber reagieren, hat ein neues Geschäftsfeld entdeckt. Vielleicht treffen Sie jetzt auch auf einen neuen Ansprechpartner, der mehr Interesse hat.

Was ist der richtige Zeitpunkt für eine zweite Kontaktaufnahme? Das hängt von der Art Ihres Geschäftes und dem Verlauf des Gespräches ab. Vertrauen Sie an dieser Stelle Ihrer Erfahrung und Ihrem Gefühl.

5. Wenn Sie merken, dass Ihr potenzieller Kunde gar keiner ist, weil Sie ihm definitiv nichts anbieten können, was ihm irgendwie weiterhilft, insistieren Sie nicht weiter. Stellen Sie

offen fest, dass Sie nichts für ihn tun können. Bedanken Sie sich für das Gespräch.

Sie sehen, an keiner Stelle ist stressiges Druck-Akquirieren nötig. Im Gegenteil: Ihr Gesprächspartner wird schnell merken, dass Sie ihm nichts andrehen möchten. Entsprechend freundlich und höflich wird er sich verhalten. Nicht selten kippt eine anfängliche Abwehr sogar und der Kunde entwickelt vielleicht doch Interesse (noch viel mehr zu dieser Methode lesen Sie im Buch von Holger Steitz, Verkaufen ohne Tricks und Kniffe, Haufe 2016).

In den Akquise-Flow kommen

Weil vor allem das Druck-Akquirieren als sehr unangenehme Aufgabe angesehen wird, schieben viele Verkäufer es vor sich her – bis es zu einem Riesenberg geworden ist und es deswegen noch weiter verschoben wird. Doch immer nur ein bisschen zu akquirieren, ist auch keine Lösung. Wir laufen nicht richtig warm, wenn wir immer nur einen Anruf pro Woche erledigen. Besser ist es, wenn Sie die Akquise in die wöchentliche Arbeitsroutine einbauen, sich beispielsweise regelmäßig ein bis zwei Stunden pro Woche dafür reservieren. Sie wird dann zur Routine und Sie kommen in den Akquise-Flow, in dem Ihnen alles entspannter und sicherer von der Hand geht. Dies können Sie noch dadurch steigern, dass Sie potenzielle Zielgruppen etwa nach der Branche, der Unternehmensgröße oder dem Produkt clustern, um sich ihnen systematisch in bestimmten Zeitfenstern zu widmen.

Noch ein paar Tipps für die stressfreie Kundenansprache

Gesprächspartner, die Sie erstmalig und unaufgefordert kontaktieren, sind meist in Abwehrhaltung. Hier helfen Ihnen die folgenden Strategien weiter:

- Halten Sie kurze und knappe Antworten auf die »Worum geht es denn?«-Frage bereit: Nennen Sie in einer »Ist doch klar«-Haltung ein passendes starkes Thema: »Es geht um effizientere Produktion, Schutz vor Datenklau, zufriedenere Mitarbeiter ...«
- Kommen Sie schnell auf den Punkt und fragen Sie den Bedarf ab.

BEISPIEL: GRUNDMUSTER

»Darf ich gleich auf den Punkt kommen? Wir sind ... und würden Sie gerne als Geschäftspartner gewinnen. Aber natürlich nur, wenn Sie einen Nutzen davon haben. Sie könnten Ihre Produktionskosten um bis zu 15 % senken. Ist das für Sie aktuell interessant? ... Oder vielleicht erst einmal nur grundsätzlich?

Was wäre Ihnen an dieser Sache wichtig? Worauf kommt es Ihnen an? ... Und was ist noch wichtig? ... Welcher von den genannten Punkten ist Ihnen am wichtigsten? ... Gibt es sonst noch etwas, was Ihnen daran persönlich am Herzen liegt? ... Das können wir Ihnen in dieser Sache bieten. Am besten wir besprechen das mal persönlich. Wann würde es Ihnen in den nächsten ein, zwei Wochen am besten passen?« (Grundmuster angelehnt an Tim Taxis, Heiß auf Kaltakquise, Haufe Lexware, 4. Aufl. 2018).

- Bauen Sie keinen Argumentationsdruck auf: Akzeptieren Sie ein Nein und reagieren Sie entspannt und freundlich darauf.

Sie wollen ja schließlich nur dann verkaufen, wenn Ihr Produkt dem Kunden nutzt und er einen aktuellen Bedarf hat.
- Senken Sie den Druck für sich persönlich, indem Sie mit Teilzielen ins Gespräch gehen, z. B. nur Durchwahlen oder Namen von Entscheidern herausfinden, vorab erstmal nur ein paar beratungsrelevante Unternehmensinfos recherchieren.

So klappt's nachher mit dem Kundengespräch

Die erfolgreichsten Verkaufsgespräche verlaufen in der Regel beziehungsorientiert-emotional. Deshalb sollten Sie auch bei der inhaltlichen Vorbereitung Ihres Gesprächs großen Wert auf den Menschen legen, mit dem Sie es zu tun haben.

> Sie werden niemals einen Auftrag von einem Unternehmen bekommen, sondern letztlich immer von einem konkreten Menschen. Umso wichtiger ist es, sich genau um diesen zu kümmern.

1. Holen Sie daher so viele Informationen über Ihren Ansprechpartner ein wie möglich. Sie müssen dazu natürlich nicht zum Spion werden. Nehmen Sie sich aber die Zeit, all das zusammenzutragen, was Sie bereits über den anderen wissen, was Sie öffentlich via Webseiten, XING oder LinkedIn erfahren und aus diesen Infos folgern können.
2. Die folgende Übersicht hilft Ihnen dabei, sich optimal auf Ihr Gespräch mit dem Kunden vorzubereiten.

Fragen zur Gesprächsvorbereitung

Welche Funktion hat mein Gesprächspartner? Welche Entscheidungskompetenzen hat er vermutlich?

Welche Ziele und Interessen hat er im Vorgespräch geäußert?

Welche tieferliegenden Ziele, Interessen und Bedürfnisse könnten darunter liegen?

Welches Ergebnis erwartet er von unserem Gespräch?

Was kann ich aus seinen Worten und dem, was ich über ihn weiß, hinsichtlich seiner Werte schließen? Welche Begriffe und Umstände sind ihm wichtig und für ihn positiv besetzt? Gibt es Reizworte, auf die er negativ reagiert? Will er etwas auf gar keinen Fall?

Was könnten passende Small-Talk-Themen sein? Welche Gemeinsamkeiten und gemeinsamen Interessen haben wir?

Gibt es bereits eine persönliche Beziehung zwischen uns? Wenn ja: Welchen Einfluss hat sie auf das Gespräch bzw. auf das Gesprächsziel? Gibt es hier etwas zu bestärken oder zu korrigieren?

Wie kundig ist mein Gesprächspartner in der Sache? Was kann ich wahrscheinlich voraussetzen, was sollte ich erklären?

Welche Informationen über unser Produkt sollte ich parat haben?

Welche Fragen oder Einwände gegenüber unserem Produkt könnten kommen? Wie sollte ich am besten darauf reagieren?

Was sollte bei dem Gespräch mindestens herauskommen? Was könnte/sollte maximal herauskommen?

Was sind mögliche Schlussvereinbarungen? Was sollte ich dafür im Vorfeld in Erfahrung bringen und erledigen?

Keine Sorge, die Liste bearbeitet sich schneller und leichter, als es Ihnen jetzt vielleicht erscheint. Und die Arbeit lohnt sich: Die Infos lassen Sie sicherer und souveräner im Kundengespräch werden.

Mit Lust ins nächste Kundengespräch

Damit Sie rundum gut auf das Gespräch vorbereitet sind, sollten Sie sich nicht nur inhaltlich, sondern auch emotional auf Ihren Kunden einstimmen. Denn das, was Sie denken, wird das Gespräch entscheidend beeinflussen. Sie wissen ja bereits aus dem Kapitel »Anders erfolgreich: authentisch verkaufen«: Was wir im Inneren denken und fühlen, strahlen wir über unsere Körpersprache und unsere Sprechweise nach außen aus – und entsprechend werden unsere Gesprächspartner darauf reagieren: Sind wir offen, entspannt und positiv, werden sie es letztlich auch sein.

Je klarer Sie negative Gedanken vor einem Kundenkontakt erkennen, desto sicherer können Sie sich auf das fokussieren, was Sie konstruktiv auf Ihr Kundengespräch einstimmt. Am besten, Sie notieren, welche Gedanken bei Ihnen wie wirken.

Beispiele	
Destruktive, sabotierende Gedanken	**Konstruktive, motivierende Gedanken**
Das wird doch eh nix. Ich bin schlecht vorbereitet. Der hat bestimmt keine Zeit. Lohnt sich das überhaupt? Hoffentlich ist der nicht genauso drauf wie beim letzten Mal!	Super, der hat sich Zeit genommen. Ich freue mich aufs Kennenlernen. Bin mal gespannt, wo ich helfen kann. Mal sehen, wie weit wir heute schon kommen.

Noch ein Tipp: Probieren Sie, bevor Sie das Haus oder die Räume Ihres Gesprächspartners betreten, Folgendes aus: Stoppen Sie kurz und checken Sie, was Sie aktuell denken und fühlen und was Sie gerade körpersprachlich ausstrahlen. Wenn es nicht passt, denken Sie an all die konstruktiven Gedanken aus der Liste. Spüren Sie, wie Sie sich aufgrund dieses Gedanken-Switches innerlich und äußerlich aufrichten? Anders herum ist das übrigens auch möglich: Will es Ihnen einfach nicht gelingen, positivere Gedanken zu fassen, richten Sie sich ganz bewusst auf: Kopf nach oben, Schultern gestrafft. Spüren Sie die Wirkung, die dies auf Ihre Gedanken hat? (Vgl. hierzu auch das nächste Kapitel.)

Wie Sie souverän Wirkung entfalten

Um Kunden zu überzeugen, genügt es nicht, wenn Sie sie sachlich korrekt informieren. Das tun andere auch. Um sie wirklich zu gewinnen, ist es wichtig, sie zu begeistern. Doch wie schafft man das? Eine erste Antwort darauf ergibt sich aus dem, was wir Tag für Tag erleben, wenn wir Kunden und Verkäufer beobachten oder selbst Kunden sind: Kunden wollen wahrgenommen, geachtet und kompetent beraten werden.

Doch wie genau muss ich mich verhalten, damit Kunden dieses Gefühl bekommen? Aus der Kommunikationsforschung, aber auch aufgrund unserer Alltagserfahrung wissen wir, dass wir am liebsten bei den Menschen kaufen, die uns aufgrund ihrer Ausstrahlung und ihres Auftretens überzeugen. Ausschlaggebend sind dabei drei Faktoren:

1. **Die Freundlichkeit, die ein Verkäufer ausstrahlt:** Wenn wir jemanden als freundlich wahrnehmen, gehen wir davon

aus, dass dieser Mensch es gut meint mit uns. Deswegen nehmen wir gerne etwas von ihm an, etwa die Ware, die er verkauft.

2. **Die Kompetenz, die ein Verkäufer ausstrahlt:** Wenn wir jemanden als kompetent wahrnehmen, denken wir, dass dieser Mensch Ahnung hat und weiß, wovon er spricht. Deswegen nehmen wir vertrauensvoll von ihm an, was er bietet.

3. **Die Attraktivität, die ein Verkäufer in unseren Augen hat:** Die Attraktivität, die hier gemeint ist, hat nichts mit Schönheit oder gutem Aussehen zu tun. Aus der Psychologie weiß man, dass wir andere Menschen dann als attraktiv empfinden, wenn sie uns ähnlich sind oder wir feststellen, dass wir Gemeinsamkeiten mit ihnen haben. Je mehr Übereinstimmungen es also zwischen dem Verkäufer und einem Kunden gibt, desto besser ist es. Der psychologische Mechanismus dahinter lautet: Wer so ist wie ich, sich also etwa so bewegt oder so denkt wie ich, der versteht mich und weiß was ich will und brauche – bei dem kaufe ich.

Ihre ganz persönliche ideale Ausstrahlung

Wie oben erklärt, ist es wichtig, im Kundengespräch authentisch zu wirken. Das bedeutet: Es gibt nicht *die* ideale Ausstrahlung, sondern nur eine, die für Sie ideal ist. Das ist diejenige, die authentisch zu Ihrem Persönlichkeitstyp passt. Diese Ausstrahlung finden Sie für sich, wenn Sie prüfen, welche der drei oben beschriebenen Ausstrahlungsfaktoren bei Ihnen auf welche Weise sichtbar, spürbar und hörbar werden.

> **Der Ausstrahlungs-Check**
>
> Stellen Sie sich dazu nacheinander jeweils so intensiv wie möglich die folgenden drei Situationen vor.
>
> 1. Sie treffen jemanden, den Sie richtig gerne mögen und auf den Sie sich so richtig freuen.
> 2. Sie fühlen sich gerade absolut sicher und kompetent dort, wo Sie sind, und in dem, was Sie tun.
> 3. Sie sind mit jemandem zusammen, mit dem Sie in einen guten Kontakt und harmonischen Gleichklang kommen möchten.
>
> Spüren Sie intensiv dem Gefühl nach, das sich in diesen Situationen in Ihnen ausbreitet. Wie wird es über Ihren Körper nach außen sichtbar? Wie ist Ihr Gesichtsausdruck? Wie ist Ihre Körperhaltung? Wie gehen Sie auf diesen Menschen zu? Was machen Ihre Arme? Wie wird Ihre Stimme klingen?
>
> Das, was Sie dabei spüren und was Sie dabei ausstrahlen, ist
> - im Fall Nr. 1 Ihr persönlicher idealer Freundlichkeitsmodus,
> - im Fall Nr. 2 Ihr idealer Kompetenzmodus,
> - im Fall Nr. 3 Ihr idealer Gleichstimmungsmodus.
>
> Sie können die Übung noch intensivieren, indem Sie sich vorstellen, wie Sie sind, wenn Sie sich rundum entspannt, sicher und souverän fühlen. Wie ist da Ihre Körperhaltung? Wie bewegen Sie sich? Wie sprechen Sie in einer solchen Situation? Gehen Sie in die Haltung, von der Sie glauben, das sei Ihre souveräne, und schauen Sie in einen Spiegel: Strahlen Sie tatsächlich genau das aus, was Sie ausstrahlen wollen? Wenn ja, bleiben Sie dabei – wenn nein, korrigieren Sie sich und üben Sie die gewünschte Haltung.

Im Alltag nehmen wir unsere Haltungen weitgehend unbewusst ein. Wir können uns aber auch ganz bewusst in die jeweils konstruktivsten Haltungen begeben und damit die Wechselwirkung zwischen Psyche und Körper nutzen. In der Psychologie wird dieser Effekt als Embodiment bezeichnet. Danach beeinflussen Körperempfindungen und Körperhaltungen unsere Gedanken und Gefühle genauso stark, wie diese umgekehrt unsere körperlichen Empfindungen und Haltungen lenken. Aufgrund dieser wechselseitigen Beeinflussung können wir auf zwei Wegen souverän Wirkung entfalten:

1. Wir denken die Gedanken, die uns authentisch in die gewünschte innere Stimmung versetzen, die wir dann wiederum authentisch als Körpersignale nach außen ausstrahlen. Wie das geht, haben Sie in den Kapiteln oben erfahren.

2. Wir nehmen ganz bewusst diejenige Körperhaltung ein und führen diejenigen Bewegungen aus, die unserem gewünschten Modus entsprechen ... Und überlassen uns ganz dem Gefühl, das durch die jeweilige Körperhaltung in uns ausgelöst wird. Probieren Sie es aus: Lassen Sie Kopf und Schultern hängen, schauen Sie auf den Boden und drehen Sie die Füße nach innen. Welches Gefühl breitet sich in Ihnen aus? Und jetzt richten Sie sich auf und blicken leicht über eine gedachte Horizontlinie. Stellen Sie sich dabei stabil hin und breiten Sie die Arme aus. Wie fühlen Sie sich jetzt? Wahrscheinlich deutlich sicherer und souveräner, oder?

> Nutzen Sie diese Techniken und Sie werden merken, dass Sie sich beim Verkaufen deutlich besser fühlen. Und höchstwahrscheinlich werden Ihre Verkaufsgespräche auch deutlich besser laufen.

Rasch gute Beziehungen aufbauen

Manchmal treffen wir auf Menschen und spüren gleich, dass die Chemie stimmt. Scheinbar ohne etwas dafür zu tun, herrscht sofort eine angenehme Stimmung. Genauso gibt es Situationen, in denen die Atmosphäre kühl und distanziert ist – ebenfalls, ohne dass scheinbar irgendetwas getan wurde, was dies begründen würde.

Tatsächlich ist natürlich schon viel passiert, bevor die ersten Worte fallen. Es kam zu dem berühmten ersten Eindruck, für den es keine zweite Chance gibt und den wir uns im Bruchteil von Sekunden machen, wenn wir jemandem zum ersten Mal begegnen. In diesen Momenten checken sich Menschen gegenseitig ab auf den Ebenen

- freundlich – feindlich,
- stark – schwach (dies bezieht sich nach einem menschlichen Urmuster tatsächlich auf die körperliche Stärke, beinhaltet aber auch die mentale und soziale Stärke),
- attraktiv – unattraktiv (vor allem im Sinne von ähnlich – unähnlich; siehe hierzu auch das Kapitel »Wie Sie souverän Wirkung entfalten«).

Dieser Check orientiert sich allein am äußerlichen Auftritt eines Menschen.

Der Käufer-Verkäufer-Begrüßungs-Check
Wie klopft der Verkäufer an?
Wie kommt er herein?
Was strahlt er mit seiner Mimik, seiner Gestik und seiner Haltung aus?
Wie ist er gekleidet?
Wie geht er auf mich zu?
Mit welchen Worten begrüßt er mich?
Wie spricht er dabei?
Wie ist sein Händedruck?
Wie bewegt er sich in meinem Raum?
Wie stellt oder setzt er sich mir gegenüber hin?

Im Alltag vollzieht sich dieser Check unbewusst. Es geht aber auch anders: Sie können ihn ganz bewusst gestalten – was in einem Verkaufsgespräch von Vorteil ist, wie Sie gleich sehen werden.

Den Käufer-Verkäufer-Check meistern

Zur Erinnerung: Käufer wünschen sich von Verkäufern, dass diese sie wahrnehmen, spürbar erfreut auf sie reagieren, sie wertschätzen und sie kompetent beraten. Wobei all das umso einfacher funktioniert, je ähnlicher und damit vertrauter der Verkäufer dem Käufer erscheint. All dies können Sie Schritt für Schritt ganz bewusst steuern.

Der Beziehungsaufbau beginnt bereits vor der Begegnung
Sie wirken umso vertrauenswürdiger, je stimmiger Sie zu Ihrem Kunden passen. Ein entscheidender Faktor, auf den Sie leicht Einfluss nehmen können, ist die Kleidung. Überlegen Sie, welcher Kleidungsstil am besten für das Gespräch geeignet ist. Wählen Sie bewusst ein Outfit, das dem Stil Ihres Kunden ähnlich ist, das zum Ort Ihrer Begegnung und gleichzeitig auch zu Ihnen und Ihrer Funktion passt. Hier lohnt es sich durchaus, sich beraten zu lassen oder auch mal aktiv nach dem Dresscode auf Kundenseite zu forschen.

Bringen Sie sich unmittelbar vor der Begegnung in eine innerlich konstruktive Stimmung: Denken Sie solche Gedanken, die Freude auf Ihren Kunden in Ihnen auslösen und mit denen Sie sich sicher und souverän fühlen. Das gilt selbst dann, wenn Sie wissen, dass das Gespräch herausfordernd wird. Freuen Sie sich in solchen Situationen auf Ihren Kunden, weil Sie jetzt gleich mit ihm die Herausforderung meistern oder einen Konflikt aus der Welt schaffen, der Sie ohne das Gespräch vielleicht noch länger bedrücken würde.

Kündigen Sie sich selbstbewusst an
Haben Sie schon einmal darauf geachtet, wie Sie an eine Tür klopfen? Vielleicht tun Sie das eher zurückhaltend, um nicht aufdringlich zu wirken? Oder sind Sie vielleicht eher der Typ, der deutlich vernehmbar anklopft und damit klarmacht: »Hoppla, jetzt komme ich! Es kann losgehen!« Oder liegen Sie irgendwo dazwischen? Letzteres ist natürlich die wirkungsvollste Vari-

ante: also weder zaghaft noch mit Erobererdynamik, sondern schwungvoll mit souverän-positiver Erwartung.

Entspannt fremdes Territorium betreten
Wenn Sie einen Kunden besuchen, begeben Sie sich in sein Territorium. Dieses gilt es zu achten, ohne dabei Respektlosigkeit auszustrahlen. Zögerlich einzutreten mag zwar freundlich wirken, verringert aber gleichzeitig Ihre Souveränität. Fröhlich munter in einen Raum zu stürmen, wirkt zwar sehr selbstsicher, wird aber vom anderen eher als Grenzverletzung gewertet, denn Sie besetzen damit uneingeladen ein Stück seines Territoriums. Je nach Veranlagung wird Ihr Kunde darauf mit Distanz reagieren oder in einen Kampf mit Ihnen eintreten, um Sie in Ihre Schranken zu verweisen. Am besten ist hier auch wieder der Mittelweg: ohne zu zögern offen, aufrecht und freundlich eintreten, kurz stehenbleiben, um dann im gleichen Stil Ihrem »Gastgeber« zu folgen und den Platz einzunehmen, den er Ihnen anbietet.

Der zentrale Moment: die Begrüßung
Machen Sie sich keine großen Gedanken um das, was Sie sagen. Die meisten Menschen können sich schon ein bis zwei Minuten, nachdem die Begrüßungsworte gefallen sind, gar nicht mehr genau erinnern, wer was gesagt hat. Viel entscheidender ist in diesem Moment das, was Sie über Ihre Körpersprache und -haltung und Ihre Sprechweise ausstrahlen. Lächeln Sie Ihr Gegenüber an? Strahlen Ihre Augen dabei? Treten Sie aufrecht und mit offener Haltung auf den anderen zu? Sprechen Sie ihn

in entspannt-freundlichem Tonfall an? Reichen Sie ihm von sich aus die Hand? Entspricht Ihr Händedruck dem Ihres Gegenübers? Wenn ja, haben Sie ein starkes Fundament für eine gute Beziehung gelegt. Denn Ihre Kunden hören, sehen und spüren, dass Sie ganz präsent sind, sie wahrnehmen, positiv auf sie reagieren und mit angenehm offener Art und unaufdringlichem Selbstbewusstsein auftreten.

Wenn Sie innerlich von dem erfüllt sind, was oben beschrieben ist, dann werden Sie aus dem Bauch heraus auch Worte finden, die dazu passen. Wenn Sie sich dagegen vorher darauf konzentrieren, was Sie sagen, könnte sogar genau das Gegenteil eintreten: Sie wirken dann möglicherweise in sich gekehrt, vielleicht sogar verkniffen, weil Sie sich nur auf die richtigen Worte konzentrieren. Bei Ihrem Gegenüber könnte das so ankommen: »Hm, er nimmt mich gar nicht richtig wahr und schaut recht verkniffen bei meinem Anblick, kann mich wohl nicht leiden ... Ich ihn glaube auch nicht ...«

Spiegeln Sie Ihren Gesprächspartner

Wenn es zwischen zwei Menschen stimmt, dann schwingen sie innerlich und äußerlich miteinander im Gleichklang. Das zeigt sich in einem ähnlichen Sprechtempo, vergleichbaren Körperhaltungen und Bewegungen. Sie lachen im gleichen Moment, beugen sich zeitgleich vor oder sitzen in ähnlicher Weise auf ihrem Stuhl.

Stellen Sie sich demgegenüber mal folgende Begegnung vor: Eine Messebesucherin geht mit Schwung zu einem Messestand und stellt einem Standmitarbeiter mit flottem Tempo und in lebendigem Tonfall ein paar Fragen. Und dieser Mitarbeiter reagiert mit sehr langsamen und bedächtigen Worten und Bewegungen. Sie dagegen bleibt in ihrer Geschwindigkeit und bombardiert ihr Gegenüber mit weiteren Fragen. Setzt sich das Gespräch auf diese Weise fort, spürt man dann sogar von außen, dass es auch innerlich bei den beiden nicht harmoniert und sie sich nicht wohlfühlen miteinander.

Ein solche Situation können Sie vermeiden, indem Sie Ihren Gesprächspartner dezent und respektvoll spiegeln in

- Körpersprache (Haltung),
- Sprechweise (Tempo & Emotionalität) und
- Erscheinung (Kleidung).

Dieses Verhalten wird auch Coping oder »Rapport herstellen« genannt. Am einfachsten gelingt Ihnen das, wenn Sie sich vom Tempo und dem Temperament Ihres Gegenübers anstecken lassen. Ihr Gesprächspartner wird Sie dadurch leichter als vertraut und damit auch als vertrauenswürdig erleben.

Nehmen Sie die passende Position ein

In Kundengesprächen geht es darum, eine kooperative Atmosphäre zu schaffen. Dabei spielen auch Details eine Rolle, beispielsweise der Winkel, in welchem wir zueinander stehen oder sitzen. Kooperativ wirkt es, wenn wir im 45°-Winkel miteinander im Gespräch sind. Das ist der Fall, wenn wir an Tischen über Eck sitzen oder im Small Talk so stehen, dass wir mit einer Schulter relativ nah sind und die andere Schulter etwas weggedreht ist … So, dass wir uns einerseits nah sind und gleichzeitig jeder geradeaus seinen Weg gehen könnte, wir uns also gegenseitig nicht im Wege stehen.

Stehen oder sitzen wir einander so gegenüber, dass wir uns in voller Front bzw. in voller Breitseite dem anderen zeigen, gehen wir auf Konfrontationskurs. Und das sollten Sie im Kundengespräch natürlich unbedingt vermeiden. Deshalb heißt es: Vorsicht Falle! Sie öffnet sich immer dann, wenn Sie an einem Tisch Platz nehmen. Am größten ist die Gefahr bei Schreibtischen. Da man sich dort selten über Eck setzen kann, passiert es schnell, dass man sich als Verkäufer mit dem Oberkörper parallel zur Schreibtischkante platziert … und damit unbewusst eine konfrontative Haltung einnimmt. Dies vermeiden Sie, indem Sie Ihren Stuhl leicht in einen spitzen Winkel zur Schreibtischkante drehen.

Beim Sitzen selbst gilt: Machen Sie sich weder kleiner noch größer, als Sie sind. Sitzen Sie aufrecht, die Füße stabil parallel auf dem Boden. Und wahren Sie vor allen Dingen das Territorium des anderen. Halten Sie Ihre Arme beim Reden möglichst über dem Tisch, aber breiten Sie sich nicht ungefragt auf dem Schreibtisch Ihres Gegenübers aus, weder, indem Sie Material und Gegenstände darauf ablegen, noch, dass Sie Dinge auf dem Schreibtisch Ihres Gegenübers verschieben, noch dass Sie Ihre Arme breit darauf ablegen. Das wird je nach Kundentypen entweder als aufdringlich oder als Kampfansage verstanden. Also unbedingt vermeiden!

Und schließlich: Bleiben Sie auf Augenhöhe mit Ihrem Gesprächspartner. Setzen Sie sich also nicht bereits dann hin, wenn Ihr Kunde noch steht bzw. bleiben Sie nicht stehen, während er beginnt sich zu setzen.

Ins Gespräch kommen

Zu einem guten Beziehungsaufbau gehört nicht nur, sein Interesse am Gesprächspartner und die Freude an der Begegnung körpersprachlich auszudrücken. Genauso wichtig ist es, die passenden Worte dafür zu finden.

Nach dem Grundsatz »Zuerst die Beziehung, dann die Sache« geht es nach der Begrüßung nicht gleich um das Verkaufen, also das eigentliche Thema des Gesprächs, sondern erst einmal darum, in einen guten Kontakt miteinander zu kommen. Dazu dient der Small Talk.

> Ziel des Small Talks ist es nicht, die Zeit mit leeren Worten zu füllen, sondern sich aufeinander einzustimmen und möglichst viel Gemeinsames und Verbindendes zu finden. Small Talk bietet zudem eine prima Gelegenheit, ehrliches Lob auszusprechen. Auch dies sorgt für eine gute Beziehung.

Die Dauer dieser Phase hängt vom Gesprächsziel, dem Anlass und vor allem auch vom Bedarf des Gesprächspartners ab. Es gibt Menschen, für die dieser Beziehungsaufbau eine ganz wichtige Voraussetzung ist und die sich deshalb wohler fühlen, wenn dieser Teil des Gesprächs etwas länger dauert. Andere Menschen wiederum zieht es direkt zur Sache. Folgen Sie Ihrem Gefühl und vertrauen Sie darauf, dass Sie diesen unterschiedlichen Bedarf spüren. Achtung: Reagieren Sie dabei nur auf das, was Sie beim Gesprächspartner wahrnehmen, und nicht auf Ihre eigenen Bedürfnisse.

Nach dieser Phase ist es an der Zeit, den Rahmen und die Inhalte des Gesprächs zu klären. Sprechen Sie je nach Bedarf folgende Punkte an:

- Anlass
- Inhalt (Was soll Thema sein? Aber auch: Was soll ausdrücklich nicht besprochen werden?)
- Ziel
- Dauer

Je nach Situation und Rollenverteilung legen Sie dies entweder einseitig fest, oder Sie einigen sich mit Ihrem Gesprächspartner über die genannten Punkte.

Kundentypen erkennen und passend reagieren

Jeder von uns ist anders. Trotzdem ist es sehr hilfreich, in einem Menschen schnell einen bestimmten Grundtypus zu erkennen. Denn dann können Sie rasch passend darauf reagieren und so kommunizieren, dass Sie und Ihr Gesprächspartner zügig eine stimmige Beziehung aufbauen und reibungslos zu einem guten Ergebnis kommen.

Zur Bestimmung solcher Grundtypen wurden eine ganze Reihe von Persönlichkeitsmodellen und dazu passenden Tests entwickelt. Viele haben den Nachteil, dass sie sehr statisch sind und Menschen damit einen unveränderlichen Stempel aufdrücken. Das wird aber weder der menschlichen Vielfalt gerecht noch der menschlichen Dynamik, also der Fähigkeit eines Menschen, sich zu entwickeln und sein Verhalten zu verändern. Lange habe ich nach einem Modell gesucht, das den beiden letztgenannten Kriterien Rechnung trägt. Gefunden habe ich es in der Persönlichkeitsstrukturanalyse PSA©. Diese setze ich ein, wenn Menschen genauer wissen wollen, wie sie sind und wie sie auf andere wirken, und natürlich auch, um andere besser zu verstehen und damit besser auf sie reagieren zu können.

Wenn ich Ihnen nun drei Kunden-Grundtypen vorstelle, basieren sie auf dem Modell der Persönlichkeitsstrukturanalyse PSA©
– allerdings in einer für Sie verdichteten, unmittelbar praktisch anwendbaren Form. Demnach gibt es:

1. den rationalen-sachorientierten Typ. Ihm ist in der PSA die Farbe Blau zugeordnet.
2. den sozialen-menschenorientierten Typ. Ihm ist in der PSA die Farbe Grün zugeordnet.
3. den emotionalen-machtorientierten Typ. Ihm ist in der PSA die Farbe Rot zugeordnet.

Tatsächlich trägt jeder Mensch blaue, grüne und rote Eigenschaften in sich, nur eben in einer unterschiedlich starken Ausprägung. Oft sind zwei Eigenschaftsfelder am spürbarsten ausgeprägt, während das dritte viel seltener sichtbar wird. Insofern sollen Ihnen die folgenden Beschreibungen nur zur Orientierung dienen, um auf einen erkannten Grundtyp mit den passenden Grundverhaltensweisen zu reagieren. Dabei gilt trotzdem weiterhin das Prinzip, andere Menschen individuell wahrzunehmen, ihren individuellen Bedarf zu erkennen und ihnen ein individuelles Angebot zu machen.

Erkennbare Eigenschaften der drei Kunden-Grundtypen		
Der rationale-sachorientierte Typ (blau)	Der soziale-menschenorientierte Typ (grün)	Der emotionale-machtorientierte Typ (rot)
Eher distanziert introvertiert	Eher anpassend ausgeglichen	Eher kontrolliert extravertiert
Wenig ausgeprägte Gestik und Mimik	Ausgeprägte Mimik	Ausgeprägte Gestik
Spricht eher langsam, bedächtig und leise	Eher mittleres Sprechtempo bei angepasster Lautstärke, tendenziell munter-lebendig	Spricht eher schnell und laut, dabei tendenziell zackig, bündig, knapp
Worte und Sätze wirken sorgsam ausgewählt und präzise formuliert	Worte und Sätze kommen eher »plaudernd« aus dem Bauch heraus, mehr verbindend als präzisierend	Worte und Sätze kommen meist ohne Umschweife geradlinig auf den Punkt
Reagiert anfangs kaum auf Small-Talk-Angebote	Nimmt Small-Talk-Angebote gerne an oder bringt sie selbst ein	Kommt direkt zur Sache oder spricht zwar über sich, mag danach aber nicht weiter zuhören, sondern zu seiner Sache kommen
Reagiert auf Zahlen, Daten, Fakten	Reagiert auf Beispiele aus der Praxis und Geschichten	Reagiert auf Chancen zur Image- und Machtsteigerung
Hakt kritisch nach, will es genau wissen	Agiert eher harmonisierend und verbindend	Agiert eher dominant und bestimmend
Verlangt nach schriftlichen Beweisen (z. B. Zertifikaten, Tests, Referenzen)	Verlangt nach persönlichen Erfahrungen und Empfehlungen anderer	Verlangt nach schnellen Ergebnissen und klaren Zusagen

Erkennbare Eigenschaften der drei Kunden-Grundtypen

Der rationale-sachorientierte Typ (blau)	Der soziale-menschenorientierte Typ (grün)	Der emotionale-machtorientierte Typ (rot)
Strebt nach Verbesserungen, verlangt nach Qualität	Will, dass alle zufrieden sind, verlangt nach Bewährtem	Will bestimmen, entscheiden, durchsetzen, verlangt nach Profilierung, will gerne Erster sein und siegen
Arbeitet planvoll, gewissenhaft, strukturiert und exakt	Ist kooperativ und hilfsbereit, passt sich nötigenfalls dem Arbeitsstil anderer an	Will schnell anpacken, machen, gestalten und schnell etwas bewirken und bewegen
Achtet auf Details und Genauigkeit	Nimmt nichts rigide genau, ist tolerant	Will keine Details, sondern Klarheit und Überblick
Ist offen für Fortschritt und Innovation, wenn sie möglichst keine Risiken bergen	Mag Sicherheit, zieht sie aus Tradition, Erfahrung und in der Vergangenheit Bewährtem	Mag Image und Status, zieht beides aus Vergleichen und dem Wettbewerb mit anderen
Sorgt sich vor Fehlentscheidungen, prüft genau, lässt sich nicht unter Druck setzen	Sorgt sich vor der Ablehnung seiner Entscheidungen, legt sich ungern fest	Sorgt sich um Macht- und Autoritätsverlust, macht Druck
Will möglichst perfekte, langfristig wirkende Ergebnisse	Will eine möglichst angenehme, vertrauensvolle Arbeitsatmosphäre	Will beeinflussen und selbst entscheiden, will schnelle Erfolge und Ergebnisse

Wenn Sie aus der Beobachtung dieser Eigenschaften erkennen können, welchem Grundtyp Ihr Kunde angehört, können Sie passend darauf reagieren.

> Mehr zum Persönlichkeitsmodell PSA© finden Sie unter www.p-s-a.online. Dort können Sie sich auch für einen Test anmelden.

Auf den rational-sachorientierten Kundentyp reagieren

Rücken Sie ihm nicht auf die Pelle. Er fühlt sich mit etwas mehr Distanz wohler. Halten Sie sich deshalb auch mit Small Talk und Privatem zurück. Kommen Sie stattdessen lieber recht schnell zur Sache. Seien Sie gut vorbereitet und erteilen Sie mit Freude auch detaillierte Auskünfte. Halten Sie, falls vorhanden, Tests und Zertifikate als schriftliche »Beweise« und zusätzliches Informationsmaterial bereit. Spiegeln Sie Ihren Gesprächspartner in seiner zurückhaltenden Körpersprache und Sprechweise. Setzen Sie ihn bei Entscheidungen nicht unter Druck, sondern lassen Sie ihm Zeit – und loben Sie sein Interesse fürs Detail. Das macht Sie für ihn umso vertrauenswürdiger und zeigt, dass Sie vor einer genauen Prüfung keine Angst haben. Argumentieren Sie logisch und präzise und halten Sie Pläne und Verabredungen exakt ein. Wenn Sie selbst kein ausgewiesener Experte im Fachgebiet dieses Kunden sind, nehmen Sie im Zweifelsfall einen passenden Profi ins Gespräch mit. Benutzen Sie die Worte und Begriffe, die Ihr Gegenüber verwendet, denn diese sind von ihm für richtig befunden worden. Betonen Sie, dass es um die Zukunft geht, die durch Zahlen, Daten und Fakten und sorgfältige Analysen gesichert wird.

Auf den sozial-menschenorientierten Kundentyp reagieren

Zeigen Sie sich ihm gegenüber von Ihrer menschlichen Seite. Er mag Nähe und Sie gewinnen durch Small Talk und private Themen sein Vertrauen. Lassen Sie sich dafür Zeit, aber achten Sie darauf, doch irgendwann zur Sache zu kommen. Spiegeln Sie Ihren Gesprächspartner in seiner entspannten plaudernden Art. Nehmen Sie ihm die Sorge vor falschen Entscheidungen, indem Sie ihm von Erfahrungen und Empfehlungen anderer erzählen und dies mit Beispielen und Geschichten untermauern. Beschreiben Sie, wie sehr sich Ihr Angebot für viele andere in der Vergangenheit bewährt hat.

Achtung: Auch wenn Sie mit diesem Kundentyp sehr schnell in eine gute Beziehung treten, bedeutet dies nicht, dass Sie damit auch schon bald einen Auftrag bekommen. Er tut sich oft schwer mit Entscheidungen und legt sich ungern fest – vor allem, wenn er Sorge hat, dass andere Menschen sie vielleicht nicht so gut finden. Unterstützen Sie ihn deshalb bei der Entscheidungsfindung, indem Sie ihn erkennen lassen, dass Ihr Angebot bei anderen gut ankommt und dass die Zusammenarbeit mit Ihnen reibungslos funktioniert.

Auf den emotional-machtorientierten Kundentyp reagieren

Begegnen Sie diesem Typ immer auf Augenhöhe, aber versuchen Sie nicht, ihn zu dominieren. Es kann sein, dass er Sie provoziert und austestet. Auch wenn es scheint, als wolle er Sie damit kleinmachen, wäre es ein Fehler, ihm diesen scheinbaren Gefallen zu tun. Dieser Typ mag den Wettbewerb. Es macht ihm mehr Spaß und Sie werden auch in seiner Achtung steigen, wenn Sie ihm als gleichberechtigter Sparringspartner gegenübertreten. Bleiben Sie souverän und halten Sie gelassen dagegen, ohne ihn dabei jedoch übertrumpfen zu wollen. All das gelingt Ihnen am leichtesten, wenn Sie Ihren Gesprächspartner in seiner aufrechten Körpersprache und seiner direkten Sprechweise spiegeln. Verzichten Sie bei ihm auf Small Talk. Hören Sie zwar zu, wenn er von sich und seinen Taten und Erfolgen spricht, versuchen Sie ihn dabei jedoch nicht mit eigenen Heldengeschichten zu übertreffen. Kommen Sie lieber zur Sache und lassen Sie durchblicken, dass er es mit einem erfahrenen und kompetenten Gesprächspartner zu tun hat. Bieten Sie ihm dabei, was er mag: Klarheit und Überblick statt Details sowie schnelle Entscheidungen und rasche zielorientierte Umsetzungen, die seinem Status und seinem Image förderlich sind.

Auf einen Blick: In vertrauensvollen Kontakt kommen

- Akquirieren ist effizienter und stressfreier, wenn man dabei nicht sofort verkaufen will, sondern erst mal nur den Bedarf seines Gegenübers ermittelt. Zur Sache geht es erst, wenn Bedarf und damit Kaufbereitschaft des Kunden da sind.
- Je besser Sie sich inhaltlich und emotional auf Ihre Kunden vorbereiten, desto besser werden die Gespräche mit ihnen verlaufen.
- In den ersten Augenblicken der Begegnung kommt es weniger auf die gesprochenen Worte an. Entscheidender ist, dass Sie als Verkäufer Kompetenz, Souveränität und Freude über die Begegnung mit dem Kunden ausstrahlen.
- Um rasch eine vertrauensvolle Beziehung aufzubauen, bedarf es eines stimmigen und damit glaubwürdigen Zusammenspiels von Körpersprache, Sprechweise, Worten und Verhalten.
- Je passender Sie auf Ihre Kunden reagieren, desto harmonischer entwickelt sich der Kontakt. Dabei hilft es, drei Kunden-Grundtypen zu unterscheiden: den rationalen-sachorientierten, den sozialen-menschenorientierten und den emotionalen-machtorientierten Typ.

Ehrliches Interesse schlägt ausgefeilten Werbesprech

»Ihr unschlagbarer Preisvorteil«, »Unser innovativstes Produkt«, »Das erfolgreichste Dienstleistungspaket« – Worthülsen wie diese überzeugen nicht, sie schrecken Kunden eher ab.

In diesem Kapitel erfahren Sie u. a.,

- weshalb Werbesprech eher kontraproduktiv ist,
- wie Sie Kunden mit einfachen Kommunikationsmitteln für sich einnehmen und gewinnen,
- womit die Präsentation Ihrer Produkte und Leistungen fast unschlagbar überzeugend wird.

Vergessen Sie Ihr Produkt und Ihre Leistungen!

Wenn ich in Vertriebs- und Verkaufstrainings die Empfehlung aus der Überschrift ausspreche, löst dies immer wieder Skepsis und sogar Widerstand aus. Wie kann ich verkaufen, wenn ich mein Produkt bzw. meine Leistungen vergesse? Es geht ja schließlich genau darum: was ich anzubieten habe. Mit dieser Haltung würde ich doch nie ein Geschäft machen …, oder?

Meine Antwort ist: »Doch, damit lässt sich ein Geschäft machen und wahrscheinlich sogar schneller und leichter.« Das wird mir aber erst geglaubt, nachdem wir ein kleines Gedankenexperiment durchgeführt haben, zu dem ich Sie jetzt auch einlade.

Der Einstellungs-Vergleichstest: Produkt verkaufen oder Bedarf ermitteln?

Stellen Sie sich vor, Sie gehen ins Kundengespräch mit der Einstellung: »Ich will dem Kunden mein Produkt verkaufen!« Und nun vergleichen Sie die Wirkung dieser Einstellung mit der Haltung: »Ich will den Bedarf des Kunden ermitteln!«

- Woran werden Sie im Verkaufsgespräch jeweils am meisten denken? An die Eigenschaften Ihres Produkts und wie Sie sie am besten darstellen oder an die Situation Ihres Kunden und wie Sie ihn am besten unterstützen?
- Worauf richten Sie jeweils Ihre Aufmerksamkeit im Gespräch? Darauf, was der Kunde über sich und seine Situation erzählt,

oder auf die nächste Gelegenheit, Ihr Produkt oder Ihre Leistung ins Spiel zu bringen?

- Wie wird Ihr Kunde Sie jeweils wahrnehmen? Aufmerksam, interessiert, freundlich, souverän oder eher angespannt, lauernd, phrasendreschend?

- Was wird Ihr Kunde jeweils über Sie denken? »Ah, wieder so ein Verkäufer!«, oder: »Oh, da will mir ja jemand wirklich Nutzen bringen ...«?

- Wie wird der Kunde jeweils auf Sie reagieren? Vertrauensvoll, offen und auf Augenhöhe oder eher skeptisch, verschlossen und vielleicht auch etwas herablassend?

- Und wem wird der Kunde am Ende den Auftrag mit größerer Wahrscheinlichkeit geben? Die Antwort ist relativ leicht: Wahrscheinlich bekommt derjenige mit dem inneren Fokus auf »Bedarf ermitteln, um Nutzen zu bringen« den Zuschlag.

Die Erkenntnis dabei: Um ein Geschäft zu machen, sollten Sie Produkt, Leistungen und Ihren Profit erst einmal vergessen. Denn nur so haben Sie den Kopf frei, um sich tatsächlich spürbar auf Ihren Kunden und seinen Bedarf zu konzentrieren. Zudem ist Ihre spätere Produkt- und Leistungspräsentation dann doppelt so wirkungsvoll: Sie haben eine vertrauenswürdige Diagnose durchgeführt und können Ihr Angebot damit zielgenau auf den Bedarf und die Bedürfnisse des Kunden abgestimmt präsentieren.

Zeigen Sie Kompetenz durch Fragen

Wenn Firmen und Organisationen ihre Produkte und Leistungen beschreiben, dann tun sie das mit schönen, blumigen Worten. Was sie zu bieten haben, soll in bestem Licht erscheinen. Dazu werden Agenturen und Werbetexter angeheuert, die das in der Regel auch recht gut können. Und weil sich alles in den Prospekten und auf den Internetseiten so gut liest, meinen ganz viele Menschen, die im Verkauf stehen oder etwas damit zu tun haben, dass sie so über die Produkte und Leistungen sprechen sollten, wie es in den Flyern, Produktkatalogen und auf den Webseiten geschrieben steht.

Das ist aber ein großer Fehler, denn das, was zur Information oder zur Werbung geschrieben wurde, wirkt häufig seltsam bis peinlich, wenn es live im Kundengespräch wiederholt wird. Die ganzen Ausschmückungen und Anpreisungen fallen in Werbetexten kaum mehr auf, wirken ausgesprochen aber recht hohl. Trotzdem höre ich in Vertriebstrainings immer wieder Sätze wie die folgenden.

BEISPIEL: WERBESPRECH

»Wir sind eines der führenden Unternehmen in der Wassererhitzung. Damit sind wir seit über 60 Jahren erfolgreich im Markt. Mit innovativen Geräten aus hochwertigen Materialien sorgen wir für größte Zufriedenheit bei unseren Kunden. Wir legen großen Wert auf Kundennähe und individuelle Lösungen. Unsere Experten stehen mit ihrem Fachwissen dafür, dass Sie Ihr Wasser stets nach dem neuesten Stand der Technik erhitzen. Sie können sich also sicher sein, dass Sie bei uns bekommen, was Sie verdient haben: nur das Beste vom Besten.«

Angenommen Sie wären Käufer, wie überzeugend würden solche Sätze auf Sie wirken, wenn ein Verkäufer sie ausspricht? Wahrscheinlich gar nicht. Sie haben sie schon x-mal gehört und wissen, dass es reine Worthülsen sind, die nichts als Selbstverständlichkeiten ausdrücken .... denn niemand erwartet schließlich, dass der Verkäufer ein Unternehmen vertritt, welches ohne jede Erfahrung erfolglos auf dem Markt arbeitet und mit veralteten Geräten aus billigen Materialien für geringstmögliche Zufriedenheit bei seinen Kunden sorgt.

Werbesprech war gestern, kompetent Bedarf ermitteln ist heute

Die Werbefloskeln klingen nicht nur wie aus der kleinen Fibel für den angehenden Werbefachmann aus den 1970er-Jahren. Sie verraten einem Käufer auch sofort, dass er es nicht mit einem vertrauenswürdigen Nutzenbringer zu tun hat, sondern mit einem Verkäufer alten Schlages, der offenbar noch nicht mitbekommen hat, dass heutige Kunden sehr informiert und mündig sind und bereits vor einem Gespräch ganz genau einschätzen können, ob die Produkte, die Leistungen und auch die Unternehmen, die sie anbieten, im Prinzip etwas taugen. Wenn sich potenzielle Kunden auf ein Verkaufsgespräch einlassen, dann wollen sie nicht hören, was sie schon längst gelesen haben. Es ist viel interessanter für sie, von einem Verkäufer zu erfahren, was dessen Produkte und Leistungen bei ihnen bewirken und ihnen an Nutzen bringen können.

Diesen Nutzen können Sie als Verkäufer aber nur überzeugend darlegen, wenn Sie ihn nach einer gründlichen Bedarfsermittlung wirklich kennen. Das bedeutet: fragen, fragen, fragen. Und zwar zielgerichtet nach Dingen, die für den Kunden wichtig sind. Damit beweisen Sie weitaus mehr Kompetenz als durch stereotype Werbephrasen.

Ihre persönliche Fragen-Checkliste

Stellen Sie sich am besten eine Checkliste für Fragen zur Bedarfsermittlung zusammen.

Checkliste: Fragen zur Bedarfsermittlung
Fragen, mit denen ich die Bedarfslage bzw. die Wünsche meines Kunden kläre: - … - … - …
Fragen, mit denen ich die Kriterien für die Auftragsvergabe kläre: - … - … - …
Fragen, mit denen ich die finanziellen und zeitlichen Rahmenbedingungen kläre: - … - … - …
Fragen, mit denen ich die Bedarfsermittlung sicher abschließe: - … - … - …

Es fällt Ihnen schwer, diese Checkliste zu füllen? Im Katalog »magischer« Fragen finden Sie Inspiration.

Der Katalog »magischer« Fragen

Die folgenden Seiten enthalten Fragen, mit deren Hilfe Sie eine sehr genaue Bedarfsermittlung durchführen können. Sie können damit nicht nur den objektiven Bedarf Ihres Kunden bzw. seines Unternehmens feststellen, sondern auch die subjektiven Bedürfnisse, Werte und Interessen Ihres Kunden bzw. der anderen Entscheider erkennen und verstehen. Außerdem sind in diesem Katalog auch Fragen aufgeführt, die Ihnen helfen, Fallen und »verborgene« Entscheidungskriterien Ihres Gesprächspartners zu entdecken.

Manche Fragen sind zwar unterschiedlich formuliert, zielen aber auf dasselbe. Verwenden Sie einfach die Frage, die Ihnen persönlich leichter von den Lippen kommt oder Ihnen in einer bestimmten Situation am passendsten erscheint.

Fragen, mit denen Sie die Bedarfslage bzw. die Wünsche Ihres Kunden klären

Wofür interessieren Sie sich genau?

Was möchten Sie damit erreichen? Was ist das Ziel dahinter?

Was möchten Sie damit bewirken? Was soll damit bewirkt werden?

Wie ist die Situation im Moment?

Was soll anders werden? Was erwarten Sie als Ergebnis?

Was erwarten Sie von der Lösung/dem Produkt/der Dienstleistung ...?

Gibt es einen konkreten Anlass für unser Treffen? Wenn ja, welchen?

Was ist ein gutes/optimales Ergebnis unseres Treffens/unserer Zusammenarbeit?

Wenn der Auftrag/das Projekt erledigt ist, was ist dann anders, was ist dann besser? Welches Problem ist dann gelöst?

Woran werden Sie erkennen, dass das Problem gelöst ist?

Woran werden andere erkennen (Kunden, Geschäftspartner, Mitarbeiter, Vorgesetzte ...), dass das Problem gelöst ist?

An welchen Kriterien messen Sie den Erfolg des Projektes/unserer Arbeit?

Was haben Sie bislang unternommen, um zum gewünschten Ergebnis zu kommen/das Problem zu lösen? Mit welchen Erfahrungen? Was hat davon wie funktioniert?

Was ist Ihnen an dieser Sache besonders wichtig? Worauf legen Sie dabei persönlich besonderen Wert?

Was sollte auf jeden Fall passieren? Was sollte auf keinen Fall passieren?

Fragen, mit denen Sie die Kriterien für die Auftragsvergabe klären

Was sind die entscheidenden Kriterien, damit ein Anbieter den Zuschlag erhält? Für Ihr Unternehmen/für Sie persönlich?

Was ist ein Ausschlusskriterium?

Was brauchen Sie von uns an Informationen, um entscheiden zu können?

Wer entscheidet bzw. muss in die Entscheidung eingebunden werden?

Fragen, mit denen Sie die Rahmenbedingungen klären

Bis wann muss der Auftrag/das Projekt erledigt sein?

Wann muss/soll gestartet werden?

Welches Budget steht zur Verfügung?

Was ist bei der Organisation zu beachten? Wie und mit wem sollen die Abstimmungen erfolgen?

Welche Erwartungen haben Sie und die Beteiligten an unsere Zusammenarbeit? Was ist Ihnen daran persönlich wichtig?

Worauf legen Sie bei der Abwicklung besonderen Wert?

Fragen, mit denen Sie die Bedarfsermittlung sicher abschließen

Gibt es noch eine Information für mich/uns, nach der ich nicht gefragt habe?

Gibt es noch etwas, was ich/wir wissen sollten bzw. was Sie uns/mir sagen möchten?

Gibt es noch etwas zu ergänzen? Haben wir alles?

Bis wann muss das Angebot da sein?

Bis wann werden Sie entscheiden?

> Hier sind primär allgemeine Fragen genannt. Ergänzen Sie sie um all die speziellen technischen, organisatorischen und wirtschaftlichen Fragen nach Zahlen, Daten, Fakten, die Sie benötigen, um das passende Produkt anzubieten oder die passende Leistung zu erbringen bzw. zu entwickeln.

Überzeugen Sie durch spürbar interessiertes Zuhören

Mit Ihren Fragen sind Sie bestens vorbereitet auf die zentrale Phase im Verkaufsgespräch: die Bedarfsermittlung. Wenn Sie hier alles richtig machen, haben Sie im Prinzip schon gewonnen. Der Grund: Der Kunde kauft bei Ihnen bzw. beauftragt Sie, wenn er zum einen das Gefühl hat, dass Sie genau wissen, was er braucht, und zum anderen, wenn er das Gefühl hat, dass Sie bereit und in der Lage sind, ihm genau das passende Produkt zu liefern.

Dieses Gefühl entsteht bei Ihrem Kunden, wenn Sie sich spürbar für ihn und seine Situation interessieren. Das erkennt er zum einen an den Fragen, die Sie stellen, in gleichem Maße aber auch an Ihren körpersprachlichen, stimmlichen und verbalen Reaktionen auf seine Antworten.

Die beste Haltung, um in ein Verkaufsgespräch zu gehen, ist deshalb: »Ich weiß nicht, was der Kunde braucht. Nur er weiß es, und das versuche ich jetzt herauszufinden«. Auf diese Weise vermeiden Sie eine der größten Fallen im Verkaufsgespräch: Nämlich Ihre Leistungen, Angebote und Produkte anzupreisen, bevor Sie überhaupt wissen, was Ihr Kunde tatsächlich braucht.

Zum richtigen Zeitpunkt nach dem Richtigen fragen

Wenn es vom Small Talk in das eigentliche Verkaufsgespräch übergeht, fordern Kunden gerne auf: »Dann erzählen Sie mal, was genau Sie eigentlich machen und was Sie zu bieten haben!« Wenn Sie jetzt munter drauflos erzählen, schnappt die oben beschriebene Falle zu. Genauso fatal wäre es, auf die Aufforderung mit einer Gegenfrage zu reagieren. Das wirkt abweisend und unhöflich. Geben Sie stattdessen immer erst eine Antwort, mit der Ihr Kunde einen kurzen Überblick über Ihr Angebot bekommt und die am besten auch schon ein erstes Nutzenversprechen enthält.

BEISPIEL

»Wir sind ein Unternehmen, das Firmen wie die Ihre dabei unterstützt, … (Kosten zu sparen, effizienter zu produzieren, Produkte schneller zum Kunden zu bringen, die Zusammenarbeit im Unternehmen zu verbessern, Büros mit gesundheitsförderlichen Möbeln auszustatten …). Bevor ich jetzt ins Detail gehe, würde ich Ihnen gerne ein paar Fragen stellen, um herauszufinden, was aus unserem Portfolio für Sie am nützlichsten ist. Ist das okay für Sie?«

In 99,9 % der Fälle können Sie danach mit Ihren Fragen zur Bedarfsermittlung beginnen.

Fragen allein reicht nicht – aufs spürbar interessierte Zuhören kommt es an

Der Fragenkatalog ist ein mächtiges Hilfsmittel, um eine überzeugende Diagnose zu erstellen. Zugleich kann er aber auch eine Falle sein. Und zwar dann, wenn Sie die Fragen wie in einem Verhör oder einer Prüfungssituation kommentarlos nacheinander stellen. Eine solche Vorgehensweise würde berechtigte Blockaden bei Ihrem Kunden auslösen.

Gehen Sie deshalb auf seine Antworten ein, kommentieren Sie sie positiv, gehen Sie emotional mit, reagieren Sie anerkennend, stellen Sie Gemeinsamkeiten fest oder fragen Sie auch mal detaillierter nach. Dadurch wird Ihr persönliches Interesse an dem Kunden und seinen Belangen spürbar.

- Spiegeln Sie Ihren Gesprächspartner: Gleichen Sie sich in Ihrer Körperhaltung und Ihrer Sprechweise dezent Ihrem Gegenüber an, stellen Sie also Rapport her (vgl. dazu näher das Kapitel »Rasch gute Beziehungen aufbauen«)

- Seien Sie ganz präsent: Fokussieren Sie sich auf Ihren Gesprächspartner. Lassen Sie in diesem Augenblick diesen Menschen und das, was er sagt, das Allerwichtigste auf der Welt für Sie sein. Hören Sie hochkonzentriert zu.

Hochkonzentriertes Zuhören zeigen Sie durch
eine offene, zugewandte Körperhaltung
Blickkontakt, wenn Ihr Gegenüber spricht
Kopfnicken
kurze akustische Rückmeldungen wie z. B. »mhh, ah, aha, ...«
geduldiges Abwarten bis zum Ende der Ausführungen des anderen

- Denken Sie sichtbar über die Aussagen Ihres Gegenübers nach, bevor Sie antworten oder selbst etwas dazu sagen – es sei denn, es ist eine spontane Reaktion gefragt.
- Reagieren Sie auf die Antworten Ihres Gesprächspartners: Lassen Sie erkennen, was diese Antworten emotional in Ihnen auslösen, sagen Sie etwas Nettes dazu.
- Wenn es sich zwischendurch anbietet: Geben Sie eine positive Rückmeldung, wie beispielsweise: »Das finde ich gut«, oder: »Genauso würde ich es auch tun!« Machen Sie aber keine Masche daraus. Das wird Ihr Gegenüber schnell merken. Sprechen Sie Lob also nur aus, wenn es angemessen ist, und vor allem nur dann, wenn Sie es ehrlich meinen.
- Paraphrasieren Sie das Gehörte: Geben Sie das Gehörte in Ihren Worten wieder, sodass der andere genau weiß, dass Sie ihn richtig verstanden haben.

Typische Einleitungen für Paraphrasen:
»Habe ich richtig verstanden, dass ...?«
»Ich habe Sie jetzt so verstanden: ...«
»Sie meinen also ...«
»Mit anderen Worten ...«
»Ihnen ist also wichtig ...«
»Zusammengefasst könnte man also sagen, dass ...?«

- Machen Sie sich Notizen: Das unterstreicht Ihr Interesse an den Aussagen Ihres Gesprächspartners und ist natürlich auch eine gute Erinnerungshilfe. Aber aufgepasst: In einigen Bereichen, so z. B. wenn es um sensible Daten oder unternehmensinternes Know-how geht, sind Notizen nicht angebracht. Konzentrieren Sie sich hier lieber auf die oben genannten Verstehens-Signale.

Verkaufen Sie nach dem unschlagbaren Wenn-dann-Prinzip

Wenn es schließlich ans Verkaufen geht, kommt es darauf an, die in der Bedarfsermittlungsphase gewonnenen Erkenntnisse zielgerichtet in die Empfehlungen bzw. in die Präsentation der eigenen Produkte und Leistungen einfließen zu lassen.

> Zielgerichtet heißt: Erzählen Sie nicht alles über das eigene Produkt, was es Tolles darüber zu erzählen gibt. Präsentieren und erläutern Sie stattdessen nur das, was dem objektiven Bedarf Ihres Kunden bzw. seines Unternehmens sowie seinen subjektiven Bedürfnissen bzw. denen der Entscheider entspricht. Das gilt auch für vorbereitete Präsentationen! Verwenden Sie nicht einfach Ihre Standardpräsentation. Schneiden Sie sie stattdessen möglichst exakt auf die ermittelten Bedarfe und Wünsche Ihres Kunden zu. Anderenfalls verspielen Sie ziemlich schnell das Vertrauen, das Sie bis dahin durch Ihre auffällig gute Bedarfsanalyse gewonnen haben.

Bei Ihrer Präsentation können Sie das nahezu unschlagbare Wenn-dann-Prinzip anwenden. Das meint, dass Sie den ermittelten Bedarf Ihres Kunden zusammenfassen, um erst dann Ihr darauf passendes Angebot zu unterbreiten. Das Grundmuster dieses Prinzips lautet:

»Wenn Sie das und das benötigen, dabei die und die Umstände zu berücksichtigen sind, genau diese Wirkung erzielt werden soll und Sie auf dies und das besonderen Wert legen, dann empfehle ich Ihnen … (dieses Produkt, diese Leistung oder diese Vorgehensweise).«

BEISPIEL: WENN-DANN-VERKAUFSARGUMENTATION

»*Wenn* Sie, wie Sie sagten, in einem harten Wettbewerb stehen und Sie Kunden noch mehr von Ihren Produkten überzeugen möchten und es Ihnen dabei wichtig ist, sich im Hochpreissegment zu etablieren, *dann* empfehle ich Ihnen unbedingt eine Kundenanalyse durchzuführen, in der auch die Frage beantwortet wird, bis zu welcher Preisgrenze Kunden bei Ihren Produkten mitgehen. Nur so können Sie das von Ihnen gewünschte Ziel erreichen.«

Nutzen Sie verbale Überzeugungskraftverstärker

Das Wenn-dann-Prinzip hat eine starke innere Logik, die Sie noch dadurch steigern können, dass Sie Ihr Angebot nicht nur sachlich passend, sondern orientiert an den Kundentypen (siehe Kapitel »Kundentypen erkennen und passend reagieren«) formulieren.

- Beschreiben Sie Ihr Angebot möglichst in den Worten Ihres Kunden.

- Stellen Sie die Wirkung heraus, die Ihr Kunde sich wünscht bzw. die er braucht, etwa die Zukunftssicherung für den sachorientierten-rationalen Typ, den reibungslosen Ablauf für den menschenorientierten-sozialen Typ oder die imageförderliche Einmaligkeit für den machtorientierten-emotionalen Typ.

- Betonen Sie diejenigen Aspekte, die dem Kunden an Ihrem Angebot wichtig sind.

Kunde ist wichtig, dass	Folgende Begriffe sollten z. B. fallen:
... eine Sache strukturiert und korrekt abläuft.	Rechtssicher, nachprüfbar, geregelt, dokumentiert, hinterlegt.
... Dinge schnell und energisch angegangen werden.	Effizient, effektiv, wirkungsvoll, in kurzer Zeit, dynamisch, lösungsorientiert, direkt, unmittelbar.
... gute Stimmung und eine konstruktive Atmosphäre herrschen.	Gerecht, fair, einbinden, beteiligen, miteinander, zusammen, gemeinsam.

- Formulieren Sie in der aktiven und direkten Form: »Sie werden mit unserem Produkt dies und jenes ... (haben, bekommen, bewirken ...)«, statt: »Unsere Kunden profitieren davon, indem ...« So erleichtern Sie es Ihrem Gesprächspartner, sich seinen künftigen konkreten Nutzen bereits im Hier und Jetzt vorzustellen. Sie wecken damit gleichzeitig das Bedürfnis in ihm, möglichst schnell davon zu profitieren.

Nutzen Sie nonverbale Überzeugungskraftverstärker

Nicht nur die passenden Worte machen Ihre Angebotspräsentation überzeugender. Auch eine stimmige Körpersprache und Sprechweise tragen ihren Teil dazu bei. Stimmig heißt hier, Sie wechseln von einer aufmerksamen Zuhörerhaltung (Phase der Bedarfsermittlung) in eine Expertenhaltung, aus der heraus Sie erklären und erläutern (Phase der Präsentation). Das bedeutet konkret: vom spürbar Freundlich-Sein wechseln Sie ins spürbar

Stark-Sein = (Fach-)Kompetent-Sein. Damit ist zugleich ein Statuswechsel verbunden:

- Ein souveräner Verkäufer lässt seinem Kunden während des Beziehungsaufbaus und in der Bedarfsermittlungsphase deutlich mehr Raum und Sprechzeit als sich selbst. Er hört ihm zu, reagiert positiv auf ihn und macht ihm ehrliche Komplimente. Damit setzt er ihn in einen Hochstatus, während er selbst in einem Tiefstatus bleibt.
- Sobald das Verkaufsgespräch aber von der Bedarfsklärung in die Beratung und die Empfehlung übergeht, wechselt der Verkäufer vom Tief- in einen Hochstatus: Er nimmt mehr Raum ein durch etwas größere Gesten, beansprucht mehr Redezeit und spricht sehr klar auf den Punkt.

Der bewusst eingenommene Tiefstatus im ersten Teil des Verkaufsgesprächs macht den Verkäufer sympathisch, der ebenso bewusst eingenommene höhere Status im zweiten Teil des Gesprächs lässt ihn stark und damit kompetent erscheinen.

Wie Sie Stärke und Kompetenz zeigen

- Nehmen Sie Ihre souveränste Haltung ein: aufrecht, mit wacher Grundspannung, ruhig und stabil stehend oder sitzend.
- Machen Sie eine erkennbare Denkpause, bevor Sie die Ergebnisse Ihrer Bedarfsanalyse zusammenfassen und zu Ihrer Empfehlung kommen. Dadurch wird für Ihren Kunden spürbar, dass Sie nicht nur Fragen um der Fragen willen gestellt

haben, sondern daraus tatsächlich auch eine überlegte individuelle Empfehlung ableiten.

- Halten Sie festen Blickkontakt zu Ihrem Kunden und wechseln Sie in einen passenden Erklärmodus, indem Sie Ihre Empfehlung in dem Temperament vortragen, das zum Temperament Ihres Kunden passt. Zeigen Sie dabei Emotionen, aus denen spürbar wird, dass Sie voll hinter Ihrer Empfehlung stehen. Reden Sie also auf keinen Fall neutral wie ein Nachrichtensprecher, als wäre Ihnen egal, was Sie anbieten: Lassen Sie Ihre Augen strahlen.

- Illustrieren Sie das, was Ihnen wichtig ist, mit einer klaren Gestik. Halten Sie Ihre Hände im Stehen am besten über der Gürtellinie und beim Sitzen über dem Tisch. Verwenden Sie offene überreichende Gesten und machen Sie dadurch auch nonverbal spürbar, dass Sie etwas zu geben haben. Dabei sind Ihre Handflächen sichtbar nach oben gedreht. Ihre Hände bewegen sich von Ihrem Körper Richtung Kunde und tendenziell von unten nach oben.

- Ihre Kompetenz wird auch dadurch verstärkt, dass Sie in einem moderaten Tempo sprechen. Sie wollen ja nicht gehetzt wirken, sondern jemandem etwas nachdrücklich und verständlich darlegen. Das funktioniert nicht durch Geschwindigkeit und Wiederholungen im Stakkato, sondern durch innere Ruhe und bei gleichzeitiger Intensität im Ausdruck. Außerdem verarbeiten Menschen das, was sie hören, in den Sprechpausen, und nicht während sie zuhören.

Wenn Sie bis dahin zielgenau gefragt und sowohl aufmerksam als auch wertschätzend zugehört haben, wenn Sie dabei Souveränität, Kompetenzen und echtes Interesse ausgestrahlt haben und wenn Sie Ihr Angebot fokussiert auf das ausgerichtet haben, was Ihrem Kunden wichtig ist,

dann wird er fast automatisch Ja sagen zu Ihrem Angebot.

Was sollte er auch anderes tun, wenn Ihre Analyse stimmt und Sie sich als vertrauenswürdiger und kompetenter Geschäftspartner erwiesen haben?

Auf einen Blick: Interesse schlägt Werbesprech

- Im Kundengespräch die Werbesprüche aus Flyern und Imagebroschüren zu wiederholen, ist eher kontraproduktiv.
- So wie ein guter Arzt seine Kompetenz durch eine ausführliche Diagnose beweist, beweist ein Verkäufer seine Kompetenz durch eine genaue Bedarfsanalyse, d. h. durch spürbar interessiertes Nachfragen.
- In der Präsentationsphase überzeugen Sie Ihren Kunden mit dem Wenn-dann-Prinzip: »Wenn Sie das erreichen wollen, Ihnen dies dabei wichtig ist, dann empfehle ich Ihnen dieses Produkt.«
- Entscheidend in der Erläuterungs- und Präsentationsphase: Erzählen Sie nur das, was für Ihren Kunden orientiert an seinen Bedürfnissen am Produkt wichtig und nützlich ist. Unterstreichen Sie dies mit nonverbalen Stärke- und Kompetenzsignalen.

Entspannt bei Einwänden, locker im Abschluss

Bevor Sie einen Auftrag bekommen, sind meist noch Einwände und Bedenken auszuräumen. Dabei gibt es sowohl Fallen als auch elegante Lösungen. Gut, wenn man beides kennt.

In diesem Kapitel erfahren Sie u. a.,

- warum in jedem Einwand eine Chance liegt,
- weshalb Fragen viel besser sind als Argumente,
- wie Sie kundentypgerecht zum Abschluss leiten und
- einen bleibend guten Eindruck hinterlassen.

Einwände sind Chancen, keine Angriffe

Immer wieder beobachte ich, dass Verkäufer, die sehr auf ihr Produkt oder ihre Leistungen und weniger auf den Bedarf des Kunden fokussiert sind, schnell in eine naheliegende Falle tappen: Sobald ein Kunde sich kritisch zu ihrem Angebot äußert, genauer nachfragt oder einen Einwand hat, erleben solche Verkäufer dies als Angriff und beginnen sofort, ihre Produkte und Leistungen zu verteidigen.

In der Folge tritt immer der gleiche Effekt ein: Je mehr sie mit ihren Argumenten die Einwände oder die Kritik des Kunden zu entkräften versuchen, desto intensiver werden wiederum dessen Anstrengungen, seinen Einwand oder seine Fragen durch immer heftigere Argumente zu verteidigen. Das schaukelt sich manchmal so hoch, dass es auf beiden Seiten zu einer deutlich spürbaren persönlichen Verstimmung kommt. Nicht selten ist das das Ende eines bis dahin gut gelaufenen Verkaufsgesprächs.

Fatal: die Angriffs-Verteidigungsspirale

Nimmt man unter die Lupe, was in solchen Momenten passiert, kommt man zu dem Ergebnis, dass der Verkäufer den Kunden durch seine Verteidigung geradezu gezwungen hat, seine Einwände noch größer zu machen. Der Fehler dahinter: In seiner Fixierung auf sein Angebot glaubt der Verkäufer, es handele sich bei den Aussagen des Käufers um einen Angriff auf das

Produkt, das es dementsprechend hart zu verteidigen gilt. Er denkt, dass damit sofort das gesamte Geschäft gefährdet sei. Aus Sicht des Kunden ist die Situation aber eine ganz andere: Er interessiert sich für das Angebot und will nur genauer wissen, ob es wirklich rundum passt. Der Verkäufer reagiert aber nicht auf dieses Interesse, sondern so, als wäre er persönlich angegriffen worden. Statt sich um das Interesse des Kunden zu kümmern, negiert er es förmlich, indem er argumentiert, dass dessen Einwände und Fragen unberechtigt sind. Zugespitzt formuliert: dass alle Überlegungen des Kunden doof und nicht durchdacht sind.

Das spürt der Kunde und ärgert sich darüber. Diesen Ärger spricht er in der Regel allerdings nicht offen aus, sondern hält auf der Sachebene dagegen. Jetzt ist er es, der sich und seine Sache verteidigt. Ab jetzt geht es deshalb oft nur noch um das bekannte Spiel: »Ich doof oder du doof? Besser du doof!« Ein erfolgreicher Verkauf rückt damit ziemlich in die Ferne.

Hilfreich: das Interesse im Einwand erkennen

Sobald Sie ins Argumentieren kommen, stecken Sie in einer Sackgasse. In diesen Momenten geht es nur noch darum, sich gegenseitig eines Denkfehlers zu überführen und zu beweisen, wer im Recht ist und wer im Unrecht. Dies führt in der Regel zu einer Eskalation der Argumente und selten zu einer guten Einigung. Verkäufer, die eher auf den Menschen und seine Bedürfnisse konzentriert sind, stürzen seltener in diese Angriffs-Verteidigungsspirale. Der Grund: Sie versuchen in allem, was ein Kunde sagt, das zugrunde liegende Interesse und das dahinterstehende Bedürfnis zu erkennen. Trotz aller Identifikation mit ihren Produkten sind sie deshalb eher in der Lage zu erkennen, was Einwände und kritische Nachfragen wirklich sind.

> Einwände und kritische Nachfragen sind keine Angriffe auf die Angebote des Verkäufers, sondern Hinweise darauf, was den Kunden interessiert und was ihm wichtig ist. Nehmen Sie sie deshalb als Chance, die sie nutzen können, und nicht als Gefahr, gegen die Sie sich mit Gegenangriffen verteidigen müssen.

Der elegante Weg: verstehen statt dagegenhalten

Statt sich von Einwänden persönlich angegriffen zu fühlen und dagegen zu halten, ist es besser herauszufinden, was genau die Gründe für die kritischen Nachfragen und Äußerungen eines Kunden sind, um dann das dahinterstehende Interesse möglichst gut zu bedienen. Dabei können Sie sich an die folgende bewährte Vorgehensweise halten.

Konstruktiv auf Einwände reagieren

1. **Den Einwand verstehen**
   - »Wie meinen Sie das genau …?«
   - »Wenn Sie sagen ›zu teuer‹: im Vergleich zu …?«
   - »Worauf kommt es Ihnen da genau an?«

Konstruktiv auf Einwände reagieren

2. Spürbar interessiert zuhören
- Nicht gleich mit Antworten kommen
- Gegebenenfalls weiter nachfragen
- Die Aussagen des Interessenten mit eigenen Worten wiederholen
- Denkpause vor der bedeutsamen Antwort

3. Eventuell den Einwand eingrenzen
- »Angenommen, wir würden an diesem Punkt zu einer guten Lösung finden, würden wir dann ins Geschäft kommen oder gibt es noch weitere Punkte, die zu klären/zu lösen sind?«
- »Deute ich das richtig: Die technische Seite ist für Sie okay, jedoch … /Das Produkt überzeugt Sie im Prinzip?«

4. Einwand lösen
- Interesse bedienen
- Auf das eingehen, was dem Interessenten wichtig ist
- Je nach tieferem Interesse/Bedürfnis des Interessenten: Informationen geben, die Angst nehmen, bestätigen, Nutzen und Gewinn spürbar machen …

Tipp 1: Sammeln Sie unbedingt diejenigen Einwände, die Ihnen immer wieder begegnen. Notieren Sie, mit welchen Fragen Sie die dahinterstehenden Interessen und Bedürfnisse am besten ergründen konnten und mit welchen Erklärungen Sie welche Kunden letztlich am wirkungsvollsten und nachhaltigsten überzeugten. Damit werden Sie schon recht bald über ein Wissen verfügen, mit dem Sie in vergleichbaren Situationen nicht nur inhaltlich überzeugend agieren können, sondern das Ihnen auch eine solche innere Sicherheit gibt, dass Sie zusätzlich auch äußerlich sehr souverän und überzeugend agieren.

Tipp 2: Einwände sind manchmal auch Kaufsignale, vor allem dann, wenn der Interessent sich mit Teilaspekten beschäftigt wie beispielsweise einer anderen Größe, Zusammenstellung, einem anderen Liefertermin ...

Zielsicher: auf gemeinsamen Gewinn hin verhandeln

Auch in der Verhandlungsphase, in der es sich um Geld und Konditionen dreht, gilt das Erfolgsprinzip: Gehe mit den Gedanken und Erwartungen in die Verhandlung hinein, die dich dazu bringen, deinen Verhandlungspartnern möglichst offen und freundlich gegenüberzutreten, dein Ziel mit spürbarer Energie zu verfolgen und entsprechend souverän und sicher aufzutreten.

Selbstsicherheit aus der inneren Vorbereitung ziehen

Wer bei einer Verhandlung Unsicherheit ausstrahlt, animiert sein Gegenüber, härter zu verhandeln und tiefer nachzubohren. Der Grund: Wenn Argumente unsicher vorgebracht werden, unterstellt man, dass sie inhaltlich nicht so stark sind. Wenn sie dagegen mit großer Sicherheit geäußert werden, glaubt man eher, dass sie stichhaltig und fundiert sind. Wer so auftritt, wird dementsprechend weniger hinterfragt.

Stellen Sie Ihre Selbstsicherheit deshalb auf ein starkes Fundament: Machen Sie sich genauestens klar, weshalb das, was Sie fordern, angesichts dessen, was Sie bieten, rundum gerechtfertigt ist, eine 1-A-Leistung darstellt und Ihrem Kunden als Verhandlungspartner einen wirklich großen Nutzen bringt. Am besten schreiben Sie sich diese Punkte auf und verinnerlichen Sie: Wenn ich all das biete, weshalb sollte ich in der Verhandlung unsicher sein?

Arbeiten Sie mit einem Verhandlungskorridor

Überlegen Sie, innerhalb welcher Minimal- und Maximalgrenzen Sie verhandlungsbereit sind. Ein solcher Verhandlungskorridor erspart Ihnen, während der Verhandlung zu überlegen, worauf Sie sich einlassen wollen und worauf nicht. Dieses innerliche Überlegen und Zögern kann nämlich nach außen hin als Unsicherheit missinterpretiert werden. Außerdem sind Sie in solchen Momenten mit sich beschäftigt und können sich weniger auf Ihren Kunden konzentrieren und auf das, womit Sie ihn überzeugen können.

Ihr Verhandlungskorridor ergibt sich aus drei Elementen:

1. Ihrem Verhandlungsziel bzw. Ihrem Zielpreis. Legen Sie diese Faktoren fest und überlegen Sie, ob Sie noch eine kleine Zugabe für Ihren Kunden haben, die Sie während der Verhandlung bei Bedarf in die Waagschale werfen können, um Ihr Ziel zu erreichen.
2. Ihrer Einstiegsforderung bzw. Ihrem Maximalpreis. Diese sollten über Ihrem Verhandlungsziel liegen, aber trotzdem noch so moderat sein, dass sie von Ihrem Kunden erfüllt werden können.

3. Ihrem Minimalziel bzw. Ihrem letzten Preis, den Sie nicht unterschreiten werden. Überlegen Sie, worauf Ihr Kunde gegebenenfalls verzichten muss, damit Sie bereit sind, von Ihrem Maximalpreis und auch von Ihrem Zielpreis bis zu Ihrem letzten Preis herunter zu gehen. Dort angekommen gilt der eiserne Grundsatz: Darunter machen Sie kein Geschäft!

Erst Wert, dann Kosten nennen

Geld auszugeben bereitet Menschen psychische Schmerzen. Diese Schmerzen verringern sich, je mehr sie spüren, was sie dafür als Gegenleistung bekommen. Erschrecken Sie in der Verhandlungsphase deshalb Ihre Kunden nicht damit, dass Sie ihnen zuerst sagen, was sie an Geld ausgeben müssen. Gehen Sie lieber umgekehrt vor: Beschreiben Sie immer erst ausführlich und emotional den Nutzen, den Sie Ihrem Kunden bringen und sagen Sie ihm erst danach, was er investieren muss, um von diesem Nutzen zu profitieren.

Denken Sie an eine Waage mit zwei Schalen. In die eine Schale kommt der Nutzen, den Sie bieten, in die andere der Preis, den Ihr Kunde dafür zu zahlen hat. Wenn Sie nun zuerst den Preis in eine der Schalen werfen, senkt dieser die Waagschale nach unten, während die Nutzen-Waagschale aus Sicht Ihres Kunden skandalös leer bleibt. Wenn Sie Pech haben, hat er Ihr Angebot an dieser Stelle schon innerlich abgelehnt, bevor Sie es ihm überhaupt vorgestellt haben.

Der falsche Weg: Verkaufen um jeden Preis

Oben ist es immer wieder angeklungen: Es geht bei unserer Art des Verkaufens nicht darum, auf Teufel komm raus irgendetwas an den Mann oder die Frau zu bringen. Die Entscheidung, es an einem bestimmten Punkt sein zu lassen und nicht weiter in den Kunden zu dringen, ist hinsichtlich eines nachhaltigen Geschäftserfolgs eine gute Sache. Denn wenn ein Kunde nach einem Kauf das Gefühl hat, ausgetrickst, überredet oder übervorteilt worden zu sein, wird er versuchen, den Spieß bei nächster Gelegenheit umzudrehen, Sie auflaufen lassen oder vielleicht auch gar keine Geschäfte mehr mit Ihnen machen.

Lässt sich keine Win-win-Situation erreichen, ist es demnach langfristig besser, ohne Einigung auseinander zu gehen. Denn dies sagt ja im Grunde genommen etwas sehr Positives aus: »Wir haben auf beiden Seiten seriös kalkuliert und gehen deshalb nur bis zu einem bestimmten Punkt. Wir erkennen diese Seriosität gegenseitig an und auch, dass es uns stets auf den Gewinn beider Seiten ankommt. Deshalb vertrauen wir einander und sind bereit, auch künftig wieder die Chancen für eine Zusammenarbeit auszuloten.« Und genau dies ist Ihrem Ruf als Verkäufer langfristig sehr dienlich.

Zum Abschluss leiten, statt zum Abschluss drängen

Es gibt drei Gründe, weshalb sich Abschlüsse verzögern oder letztlich gar nicht zustande kommen:

- Der Verkäufer drängt auf einen Abschluss, obwohl der Kunde noch nicht abschlussbereit ist. Die wahrscheinliche Folge: Der Kunde fühlt sich unnötig bedrängt und bekommt vielleicht den Verdacht, dass das Angebot einen Haken hat, den er noch nicht kennt. Wahrscheinlich wird er deshalb auf Distanz gehen bzw. hart nachverhandeln. Es kann auch sein, dass er das Gespräch vorzeitig abbricht.
- Der Kunde ist abschlussbereit, aber er blockiert.
- Der Kunde ist abschlussbereit, aber der Verkäufer zögert noch.

Situation Nr. 1: Kunde ist noch nicht abschlussbereit

Wenn ein Kunde trotz bester Bedarfsermittlung und einer stimmigen Wenn-dann-Präsentation nicht so recht zum Abschluss bzw. zur Auftragserteilung kommen will, kann es an der Typen-Konstellation liegen.

Sie sind nicht der sachlich-rationale Typ, Ihr Kunde schon

Vielleicht ist für Sie bereits alles Nötige gesagt, um eine Entscheidung zu treffen, für Ihren Kunden aber nicht. Vielleicht haben Sie es mit dem sachlich-rationalen Typ zu tun, dem doch noch ein paar Details fehlen oder der schlichtweg noch etwas Zeit braucht, um alles gründlich zu prüfen. Letzteres ist für ihn von zentraler Bedeutung. Drängen Sie ihn ungeachtet dessen, bedeutet das in seinen Augen, dass Sie es an Kompetenz und Zuverlässigkeit mangeln lassen.

Wenn Sie sich nicht sicher sind, weshalb Ihr Kunde noch zögert, fragen Sie einfach direkt nach: »Was fehlt aus Ihrer Sicht noch, um eine Entscheidung treffen zu können/uns den Auftrag zu erteilen?« Dieser Kundentyp wird es Ihnen sagen. Liefern Sie ihm dann die Infos, die er braucht. Wenn er Zeit benötigt, lassen Sie ihm diese und loben Sie ihn für seine gründliche Prüfung. Das können Sie guten Gewissens tun. Denn wenn seine Entscheidung positiv ausfällt, haben Sie das Vertrauen eines besonders verlässlichen Kunden gewonnen.

Ihr Kunde »menschelt«
Vielleicht haben Sie es aber auch mit dem menschlich-sozialen Typ zu tun. Dieser hält gerne an Bewährtem fest und tut sich schwer mit Neuerungen, weil er nicht so recht weiß, wie diese bei den Menschen um ihn herum ankommen und welche Auswirkungen das auf seine Beziehungen zu ihnen hat.

Auch diesen Kundentyp können Sie direkt fragen: »Ich spüre, Sie sind sich Ihrer Entscheidung noch nicht ganz sicher. Was fehlt Ihnen noch, um die nötige Sicherheit zu bekommen?« Bieten Sie ihm Ihre Unterstützung bei der Umsetzung der Entscheidung an.

Situation Nr. 2: Kunde ist an sich abschlussbereit, zögert aber

Vielleicht hakt es mit dem Abschluss aber, obwohl der Kunde an sich abschlussbereit ist? Vor allem dann, wenn Verkäufer und Kunde beide emotionale-machtorientierte Typen sind, kann das passieren. Kunden dieses Typs werten Ihren Versuch, sie zu einem Abschluss zu bringen, als Versuch sie zu dominieren. Das geht gar nicht! Hier hilft dem dominanten Verkäufer nur, sich selbst zurückzunehmen. Wenn Sie ebenfalls ein solcher wettkampforientierter Typ sind, unterstützt Sie dabei vielleicht der Gedanke an den Schachspieler, der durchaus mal eine Figur opfert, um damit am Ende umso sicherer den Gegner schachmatt zu setzen.

Situation Nr. 3: Kunde ist abschlussbereit, der Verkäufer jedoch nicht

Diese Situation kommt vor, wenn der Kunde eher ein emotionaler-machtorientierter Typ ist und deshalb ganz schnell eine Entscheidung getroffen hat, der Verkäufer aber eher der rationale-sachorientierte Typ ist. Hier ist es der Verkäufer, der blockiert, weil er noch nicht alle Details erläutert hat, die nach seiner Einschätzung für eine gute Entscheidung betrachtet werden müssen. Es könnte aber auch sein, dass ein Verkäufer eher der soziale-beziehungsorientierte Typ ist und daher einfach weiterredet, weil er das Gefühl hat, noch nicht in einen guten menschlichen Kontakt mit dem Kunden gekommen zu sein.

Egal was auf Verkäuferseite los ist, es gilt der Grundsatz: Wenn ein Kunde kaufen möchte, hat er offenbar den Nutzen einer Sache für sich erkannt. Dann bekommt er sie sofort und ohne Wenn und Aber verkauft – auch dann, wenn Sie als Verkäufer das Gefühl haben, dass es vor einem Kauf noch viel, viel mehr zu sagen gibt.

> Letzteres gilt natürlich nicht, wenn der Kunde etwas haben möchte, von dem ich als Experte weiß, dass es ihm nicht den Nutzen bietet, den er sich wünscht. Hier gehört es zur Redlichkeit des Verkäufers, den Kunden entsprechend aufzuklären und ihm eine geeignetere Lösung zu bieten.

Fragen und Unterstützungsangebote, die zum Abschluss leiten

Wenn aus Ihrer Sicht alles gesagt und besprochen ist, können Sie durchaus ganz direkt fragen, ob Ihr Kunde zum Abschluss bereit ist. Wenn Sie die Frage offen stellen, hat das nichts mit Drängen zu tun. Es macht die Situation sogar leichter für Ihren Kunden, denn er weiß jetzt, dass Sie Ihrerseits erst einmal alles gesagt haben, was zur Entscheidungsfindung wichtig ist. Geeignete Fragen sind:

- Passt das alles so für Sie?
- Entspricht dies Ihren Wünschen und Erwartungen?
- Kann ich auf dieser Basis ein Angebot erstellen? Ist damit alles erfasst, was Ihnen wichtig ist?

Wenn Sie auf diese Fragen ein Nein erhalten, geht es als Nächstes darum herauszufinden, worin die letzten Hindernisse bestehen:

- Welche Information fehlt Ihnen noch?
- Was müssen wir noch klären, damit Sie eine Entscheidung treffen können?
- Welche Sorge ist noch nicht ausgeräumt?
- Was müsste noch passieren, damit Sie den Auftrag vergeben können?

Manchmal liegt die Entscheidung nicht allein bei Ihrem Gesprächspartner. Falls Sie es noch nicht bei der Bedarfsermittlung getan haben, fragen Sie spätestens jetzt danach:

- Liegt die Entscheidung allein bei Ihnen oder sind noch weitere Personen in den Entscheidungsprozess eingebunden?
- Was ist den anderen Beteiligten wichtig? Wie kann ich/können wir Sie dabei unterstützen, die anderen zu überzeugen?
- Gerne liefere ich Ihnen weitere Infos, Material, Argumentationslinien. Gerne stehe ich/stehen wir auch für ein Gespräch in größerer Runde zur Verfügung.

Auf Wiedersehen: in guter Erinnerung bleiben

So wie ein passender Einstieg für einen guten ersten Eindruck sorgt, so sorgt ein sympathisch-kompetenter Ausstieg dafür, dass Sie Ihrem Gesprächspartner nachhaltig gut in Erinnerung bleiben. Der Ausstieg ist damit genauso wichtig wie der Einstieg und die ganzen Phasen dazwischen. Auch hier gilt es, sich passend zum Kundentyp Zeit zu nehmen und einen belastbaren Anker für die nächste Begegnung zu setzen. Das gelingt, wenn Sie zwei Dinge tun:

1. Die Ergebnisse sachlich zusammenfassen und die nächsten Schritte verbindlich festlegen:
   - Was haben wir verabredet?
   - Wie geht es weiter?
   - Wer erledigt was bis wann?

2. Die Beziehung zum Gesprächspartner festigen und dadurch einen guten Boden für künftige weitere Gespräche bereiten. Dazu gehört:
   - Dem Gesprächspartner für das Gesagte und Erreichte danken.
   - Ihn wertschätzen und ehrlich (!) loben, zum Beispiel: seine Bereitschaft zum Gespräch, seine konstruktive Haltung, seine Ausdauer, seine Toleranz, seine lockere Art, seine konzentrierte Arbeitsweise, seine kritischen Fragen.

- Noch ein bisschen Small Talk betreiben, also Persönliches einbringen und Gemeinsames suchen und ansprechen. Bei den kühlen Analytikern und den stets wenig Zeit habenden Machertypen sollte er eher etwas kürzer, bei den beziehungsorientiert-sozialen Typen darf er dafür ein bisschen länger sein.
- Zur Verabschiedung stets eine positive Haltung für künftige Entwicklungen und Begegnung äußern:
  »Ich bin mir sicher, dass ...«
  »Freue mich schon auf ...!«
  »Ich wünsche Ihnen alles Gute, weiterhin viel Erfolg mit ...«

Auf einen Blick: Entspannt bei Einwänden, locker im Abschluss

- Einwände sind Hinweise des Kunden auf das, was ihm wichtig ist. So betrachtet sind sie keine Angriffe, die man abwehren muss, sondern Chancen, die Kundenbedürfnisse noch besser kennenzulernen und zu bedienen.
- In Verhandlungen sollten beide Seiten profitieren. Es stärkt Ihre Souveränität während der Verhandlung, wenn Sie schon vorher Ihren Einstiegspreis, Ihren Zielpreis und Ihren Mindestpreis festlegen.
- Auf einen Abschluss zu drängen, löst meist Widerstand aus. Besser ist es, Kunden typgerecht das zum Abschluss zu bieten, was ihnen das »Ja«-Sagen leicht macht.
- Fassen Sie die Inhalte des Gesprächs zusammen und Ihre Wertschätzung für Ihren Kunden in Worte. So sorgen Sie bei der Verabschiedung für einen bleibend guten Eindruck.

Kunden dauerhaft binden

Neue Kunden zu gewinnen, ist aufwendiger, als Bestandskunden zu halten. Nachhaltig erfolgreiche Verkäufer kümmern sich daher gut um ihren Kundenstamm.

In diesem Kapitel erfahren Sie u. a., wie Sie

- zum verlässlichen Partner Ihres Kunden werden,
- Neukunden zu begeisterten Wiederholungstätern machen,
- Empfehlungsmarketing betreiben.

Herausfordernd: verlässlich sein und verlässlich bleiben

Erst wenn wir mit unseren Taten das einlösen, was wir mit unseren Worten gesagt, mit unserer Körpersprache und Sprechweise ausgestrahlt haben, werden Menschen wirklich dauerhaft von uns und dem, wofür wir stehen, überzeugt sein. Das gilt besonders, wenn wir mit Kunden in Kontakt sind. Selbst wenn wir in allen Gesprächen sehr überzeugend waren, werden wir unseren Status sehr schnell verlieren, wenn wir im weiteren Verlauf der Auftragsabwicklung oder bei späteren Kontakten nicht das einhalten, was wir vorher zugesagt haben. Wie so oft, messen andere unsere Verlässlichkeit letztlich an unseren Taten. Allerdings passiert es im Alltag eben doch recht häufig, dass unsere Taten nicht zu unseren Versprechungen passen. Schneller als uns lieb ist, wird dann unsere Verlässlichkeit infrage gestellt.

Alltägliche Verlässlichkeitsfallen

Klar wollen wir im Verkauf und überhaupt im Leben stets verlässlich sein. Und doch ist es immer wieder eine Herausforderung. Der Grund: Es gibt eine Reihe von Fallen und besonderen Umständen, die unsere Integrität auf die Probe stellen.

- Neben dem Verkauf sind noch viele andere Aufgaben zu erledigen, die ebenfalls wichtig sind: Projekte planen, Berichte erstellen, Korrespondenz, Zuarbeiten, interne Abstimmungen etc. Solche Aufgaben können einen so sehr in Zeitnot bringen, dass man die eine oder andere Zusage, die man seinen Kunden gemacht hat, nicht einhalten kann.

- Außerdem gibt es äußere Umstände, die unsere Zusagen untergraben, weil zum Beispiel jemand krank wurde oder ein Zulieferer einen Termin nicht einhält.

In solchen Fällen entscheidet sich, ob wir trotzdem als verlässlich wahrgenommen werden oder eben nicht. Dabei kommt es darauf an, wie wir mit dem negativen Umstand umgehen. Unserer Verlässlichkeit abträgliche Strategien sind,

- nicht rechtzeitig genug Bescheid zu geben,
- fadenscheinige Entschuldigungen zu liefern oder
- die Sache auszusitzen und abzuwarten, bis der Kunde sich meldet.

Vor allem die letzte Strategie hat mit dem sogenannten »Jetzt oder später Genuss«-Dilemma zu tun. Damit meine ich die täglich neu auftauchende Frage: »Erledige ich erst mal die vielen kleinen einfachen Aufgaben, die mir viele kleine Erfolgserlebnisse verschaffen, oder setze ich mich an die etwas zeitaufwendigere, anstrengende und vielleicht unangenehme Aufgabe, die mir erst mittel- bis langfristig ein Erfolgserlebnis verschafft?« Leider liegt es in unserer menschlichen Natur, dass wir uns lieber für die einfachen »genussvolleren« Arbeiten entscheiden als für die schwierigen Tätigkeiten, die erst später Erfolg und Genuss bringen. Die Folge: Am Ende des Tages haben wir zwar viel erledigt, aber das umfassende Angebot wartet weiter auf seine Fertigstellung, der unangenehme Anruf, dass wir einen Liefertermin nicht einhalten können, ist immer noch nicht getätigt usw.

Das Wichtigste: Verkaufszusagen einhalten

All diesen Fallen können wir am ehesten dadurch entgehen, dass wir ein starkes Bewusstsein dafür entwickeln, im Verkauf so verlässlich zu sein, wie es nur irgendwie geht. Das bedeutet, dass wir uns an das Prinzip halten: Das Wichtigste zuerst. Das Wichtigste im Verkauf ist: Zusagen einhalten oder, falls dies aus objektiven Gründen nicht geht, offen und transparent damit umzugehen und die Verantwortung für die Lösung zu übernehmen – egal, ob wir persönlich dafür verantwortlich sind oder nicht. Und das Wichtigste zuerst bedeutet: Alles, was beim Kunden auf unsere Glaubwürdigkeit und unsere Verlässlichkeit einzahlt, zeitlich zuerst einplanen und täglich als Erstes tun. Dabei ist Willenskraft gefragt. Wie Sie diese sowohl in Ihrem Berufs- als auch Ihrem Privatleben sehr effizient und effektiv nutzen können, habe ich in dem TaschenGuide »Willensstärke – Energien freisetzen und Ziele erreichen« beschrieben, den ich zusammen mit meinem Trainerkollegen Reinhold Stritzelberger verfasst habe. Daraus will ich Ihnen hier nur eine Technik vorstellen, mit der Sie die überall lauernden Verlässlichkeitsfallen ziemlich sicher vermeiden.

Bewusst für den Kunden entscheiden

Im Alltag treffen wir mehr Entscheidungen unbewusst als wir denken. Selten wägen wir genau ab. Oft handeln wir aus einem Impuls heraus … und tun dann das, was kurzfristig angenehmer oder einfach nur irgendwie dringend erscheint, aber langfristig nicht wirklich wichtig bzw. erfolgsentscheidend ist. Das folgende Training hilft Ihnen dabei, die Zahl der bewussten Entscheidungen zu erhöhen, gerade wenn es um Kundenangelegenheiten geht.

Trainieren Sie, sich konsequent für Ihre Kunden zu entscheiden

1. Stehen Sie gerade vor der Entscheidung, etwas für Ihren Kunden zu tun oder eine andere Aufgabe anzugehen? Halten Sie einen Moment inne und atmen Sie einige Male entspannt durch. Das reduziert das Stressniveau, macht den Kopf freier und die Gedanken klarer.

2. Stellen Sie sich nun vor, Sie hätten schon erledigt, was Sie Ihrem Kunden zugesagt haben oder was für eine gute Beziehung zu ihm langfristig nützlich ist. Das ist umso wichtiger, je anstrengender oder unangenehmer die Aufgabe ist. Malen Sie sich dabei aus, wie entspannend das ist, wie zufrieden Sie sein können und wie positiv dies auf Ihren Erfolg und Ihr Integritätskonto beim Kunden einzahlen wird. Genießen Sie dieses Erfolgserlebnis einen Moment und stellen Sie sich danach vor, dass Sie dieses Glücksgefühl sofort verlieren, wenn Sie nicht das tun, was Sie auf dem Weg zu diesem Erfolgserlebnis jetzt tun müssen.

3. Vergleichen Sie dann und fragen Sie sich: »Ist die andere Aufgabe wirklich wichtiger als die Beziehung zu meinem Kunden? Und: Ist es mir diese andere Aufgabe wert, auf das Erfolgs- und Glücksgefühl zu verzichten, das ich nach dem erledigten Kundenjob haben werde?«

> **Trainieren Sie, sich konsequent für Ihre Kunden zu entscheiden**
>
> 4. Sobald sich in Ihnen das Gefühl regt: »Nein, das ist es mir nicht wert!«, entscheiden Sie sich mit voller Willenskraft, das zu tun, womit Sie Ihren Kunden nachhaltig überzeugen und dauerhaft für sich gewinnen. Und tun Sie danach natürlich das, was Sie dafür tun müssen.

Nachhaltig: auch nach dem Abschluss Besonderes bieten

Auf gut markierten Wanderwegen gibt es an Abzweigungen stets ein Schild, das anzeigt, wohin die Wege führen. Wenn Sie es gelesen haben, entscheiden Sie sich für eine Richtung, marschieren los und hoffen, dass Ihre Entscheidung richtig war. Auf Premium-Wanderwegen brauchen Sie nicht einfach nur zu hoffen, denn Sie finden nach einer kurzen Strecke in die neue Richtung ein weiteres Schild. Es kennzeichnet den Weg, auf dem Sie sich jetzt befinden. Es ist das »Wanderer-Beruhigungsschild«. Wenn es das richtige ist, weiß der Wanderer, dass seine Entscheidung zielführend war und er die weitere Tour ganz entspannt genießen kann. Eine solche Sicherheit und Beruhigung können und sollten Sie auch Ihren Kunden bieten. Es ist ein weitverbreiteter psychologischer Mechanismus, der uns auch nach Entscheidungen noch unsicher sein lässt. Gehen Sie davon aus, dass dies auch bei Kunden so ist, die sich zum ersten Mal für Sie entschieden haben. Wenn Sie ihnen nach ihrer Wahl noch etwas bieten, was sie in ihrer Entscheidung bestärkt, wird Sie das positiv von Ihren Mitbewerbern abheben.

Bestätigen Sie schriftlich, dass Sie verstanden haben

Im Kundengespräch werden Sie Einiges abgestimmt und vereinbart haben. Machen Sie es sich zum Grundprinzip, dass Sie die Ergebnisse schriftlich festhalten und Ihrem Kunden entweder mitgeben, oder schnellstmöglich zukommen lassen. Das vermeidet nicht nur Missverständnisse, sondern beweist Ihrem Gesprächspartner, dass Sie ihn wirklich verstanden haben.

Viele Kundengespräche münden nicht sofort in einem fest vergebenen Auftrag, sondern in einem Angebot. Auch dieses können Sie überzeugender machen, indem Sie darin nicht einfach nur Ihre Produkte listen, sondern zuvor noch die wichtigsten Punkte aus der mündlichen Bedarfsermittlung zusammenfassen.

Geben Sie jedem Kundentyp die Sicherheit, die er braucht

Jeder der drei Kundentypen, die Sie im Kapitel »Kundentypen erkennen und passend reagieren« kennengelernt haben, fühlt sich auf andere Art und Weise sicher. Bieten Sie jedem die passende Sicherheit. Auch das wird Sie positiv von Mitbewerbern abheben.

Sicherheit für den sachorientiert-rationalen Kundentyp

Diesem Typ ist nachweisbare, gewissenhafte Planung wichtig. Eine Gesprächszusammenfassung sollte deshalb alle zentralen Details beinhalten und mit festen Terminen sowie belastbaren Zahlen, Daten und Fakten ausgestattet sein. Halten Sie ihn bei längerfristigen Projekten zwischendurch mit schriftlichen Informationen so auf dem Laufenden, dass er stets weiß, was wann passieren wird. Sollte es Abweichungen geben, informieren Sie ihn rechtzeitig und besprechen Sie mit ihm, was wie bis wann von wem stattdessen getan wird.

Sicherheit für den menschenorientiert-sozialen Kundentyp
Ihm es wichtig, dass alles reibungslos abläuft und es keine Konflikte mit Ihnen und anderen Personen gibt. Da er das Persönliche mag, halten Sie nicht nur schriftlichen Kontakt mit ihm, sondern rufen ihn im Zweifel lieber an. Klären Sie alles persönlich mit ihm. Fragen Sie, wie es bei ihm läuft, ob er Fragen hat, ob sich zwischenzeitlich etwas Neues ergeben hat, und erzählen Sie ihm, dass alles wie geplant läuft. Falls es nicht so ist, besprechen Sie mit ihm, was stattdessen getan werden kann und wie Sie ihn dabei unterstützen können, mögliche Konflikte in seinem Unternehmen zu vermeiden.

Sicherheit für den machtorientiert-emotionalen Kundentyp
Ihm es wichtig, dass die Sache bald umgesetzt wird und er nicht so viel mit (aus seiner Sicht) überflüssigen Details behelligt wird. Zwischeninfos dürfen trotzdem kommen, sie sollten aber knapp sein und sich auf die allerwichtigsten Aussagen beschränken. Gerne auch mit Formulierungen dieser Art: »Wie von Ihnen gefordert, festgelegt, entschieden ...« Sollte es Abweichungen vom Plan geben: Informieren Sie ihn schnell, sagen Sie klipp und klar, was los ist. Bieten Sie, wenn möglich,

schon ein bis zwei Lösungsvarianten an und bitten Sie um eine Entscheidung seinerseits oder einen weiteren Vorschlag.

Geben Sie Ihrem Kunden mehr als er erwartet

Eine starke, belastbare Kundenbeziehung entsteht nicht bereits dann, wenn Ihre Kunden zu 100% zufrieden sind. Denn das bedeutet nur, dass sie das erhalten haben, was sie erwarten. Nicht mehr. Das ist kein Grund, von einem Verkäufer besonders angetan zu sein. Begeisterung entsteht erst, wenn ich von einem Geschäftspartner mehr bekomme als ich erwartet habe. Dies können Sie im Laufe der Geschäftsbeziehung an vielen Stellen immer wieder durch Ihre Arbeitsweise und die Qualität Ihrer Produkte und Leistungen einlösen. Sie können dafür aber auch schon zu Beginn ein Zeichen setzen: Überlegen Sie für sich, ob Sie Ihren neuen Kunden mit irgendeiner Sache positiv überraschen können. Das muss gar nichts Teures oder Aufwendiges sein, sondern sollte eher den Charakter einer kleinen Aufmerksamkeit haben. Vielleicht fällt Ihnen mithilfe der folgenden Fragen etwas ein.

- Hat Ihr Kunde im Gespräch etwas erwähnt, was ihn sehr interessiert oder was ihm besonders wichtig ist? Wenn ja, können Sie ihm dazu irgendetwas liefern? Beispiele: eine Information, ein Video, einen Fachartikel, einen Bericht, eine Buchempfehlung, einen Weblink etc.
- Gibt es Unterlagen, Checklisten, Manuals, Handouts, »Gimmicks«, über die sich Ihr Kunde freuen würde?

- Könnten Sie irgendeine kleine Nettigkeit oder Nützlichkeit produzieren lassen, die etwas über die Fähigkeiten und Qualitäten der Leistungen aussagt und die Sie neuen Kunden als Zeichen Ihres besonderen Standards zukommen lassen?

Zukunftsweisend: nach dem Kauf ist vor dem Kauf

Untersuchungen besagen, dass es circa fünf bis zehn Mal schwerer ist, neue Kunden zu gewinnen, als Bestandskunden zu halten. Von daher sollte es stets Ihr Bestreben sein, Bestandskunden zu binden und möglichst mit diesen wieder neue Geschäfte zu tätigen. Wenn Sie sich an die Verkaufsprinzipien gehalten haben, die in diesem TaschenGuide beschrieben sind, werden Sie dafür eine hervorragende Basis haben: Sie haben verstanden, was Ihrem Kunden wichtig ist, was ihm Nutzen bringt. Sie haben diesen Nutzen eingelöst, sind wertschätzend und verlässlich mit ihm umgegangen und haben insgesamt gezeigt, dass Sie auffallend anders und besser sind als andere. Warum also sollte Ihr Kunde woandershin wechseln? Stimmt! Allerdings hilft das schönste Fundament nichts, wenn Sie nicht darauf aufbauen, wenn Sie sich nach dem Kauf also nicht mehr um Ihren Kunden kümmern.

Wenn der Auftrag abgewickelt ist, ist im täglichen Berufsstress die Versuchung groß, den bestehenden Kunden zu vergessen und sich intensiv um neue oder noch laufende Aufträge zu kümmern. Ohne eine systematische Wiedervorlage laufen Sie

Gefahr, dass Sie Ihren Kunden aus dem Blick verlieren und umgekehrt er Sie auch. Vielleicht wissen Sie aus den Gesprächen mit ihm, ob und wann ein neuer Bedarf bei ihm entsteht bzw. entstehen könnte. Überlegen Sie, wann ein passender Zeitpunkt wäre, um ihn erneut anzurufen und ohne Druck mit ihm darüber zu sprechen – und legen Sie sich dafür einen Termin im Kalender fest. Entscheidend ist. Überlassen Sie den regelmäßigen Kontakt nicht dem Zufall, sondern Ihrem Wiedervorlagesystem, gleich ob Sie es analog oder digital führen.

Völlig okay: gute Leistung darf öffentlich gelobt werden

Jeder weiß es: Die wirkungsvollste Werbung ist die persönliche Empfehlung – und doch wird diese Form des Marketings viel seltener betrieben, als es möglich wäre. Man freut sich zwar, wenn man empfohlen wird, hofft aber mehr auf Empfehlungen, als dass man sie systematisch einholt. Dies liegt an drei Ursachen:

1. Verkäufer betrachten Empfehlungen nur als schönen Nebeneffekt von guten Leistungen und sind sich (noch) nicht bewusst, dass sie Empfehlungs- und Referenzmarketing zielgerichtet betreiben können.

2. Verkäufer denken, Marketing sei allein eine Sache für Werbespezialisten und überlassen es deswegen allein deren Geschick und Einsatz. Das inkludiert auch das Empfehlungs- und Referenzmarketing. Dieses basiert aber wesentlich auf dem Vertrauen und der guten persönlichen Beziehung zwi-

schen Verkäufern und Käufern. Marketingfachleute haben diesen persönlichen Kontakt in der Regel aber nicht. Die Folge: Wenn Verkäufer ihre Kontakte nicht aktiv für Empfehlungs- und Referenzmarketing nutzen, findet es nicht statt.

3. Verkäufer empfinden es als unangenehm, Empfehlungen einzuholen. Man bittet doch niemanden, einen in aller Öffentlichkeit zu loben! Und irgendwie fühlt es sich auch an, als würde man von seinen Kunden eine Leistung ohne Gegenleistung verlangen, und das, wo man doch für die Kunden da sein soll und nicht umgekehrt. Und was passiert, wenn der Kunde diese Bitte als Belästigung empfindet und vielleicht gar nichts Positives sagen kann oder will?

All diese Bedenken sind nachvollziehbar, allerdings ist es jammerschade um die verpassten Chancen. Sie sollten sich daher von diesen bremsenden Gedanken und Vorstellungen lösen.

Lernen Sie, Empfehlungen als etwas Selbstverständliches zu sehen

Wenn Sie die hilfreichste und beste Werbung, die Sie bekommen können, in möglichst vollem Umfang nutzen möchten, dann hilft es, sich Folgendes bewusst zu machen bzw. umzusetzen:

- Betrachten Sie Empfehlungen nicht länger als willkommenen Nebeneffekt Ihrer guten Leistung. Sehen Sie sie vielmehr als ein Element, das ganz selbstverständlich in jedes Marketing- und Verkaufssystem gehört, also auch in Ihres.

- Machen Sie sich bewusst, dass Empfehlungen nicht nur Ihnen nutzen, sondern auch Ihren künftigen Kunden. Es gehört zum menschlichen Verhaltensrepertoire, andere Menschen nach ihrer Meinung zu befragen, gerade dann, wenn es um Entscheidungen geht. So suchen fast alle, die online kaufen, nach Bewertungen und Meinungen anderer Käufer. Im Web wird deshalb inzwischen fast alles bewertet. Die meisten Menschen fühlen sich eben sicherer und besser, wenn sie bei anstehenden Entscheidungen auch auf persönliche Bewertungen von anderen zugreifen können. Genau dieses gute Gefühl können Sie Ihrem nächsten Kunden schenken, wenn Sie ihm passende Empfehlungen zeigen können.

- Machen Sie sich bewusst, dass es sich bei einer Empfehlung nicht um eine Leistung ohne Gegenleistung handelt. Wenn der Kunde sie Ihnen gibt, dann deshalb, weil er mehr von Ihnen erhalten hat, als er für sein Geld erwartet hat.

- Falls ein Kunde Ihnen keine Empfehlung gibt, weil er nicht so zufrieden war, haben Sie ebenfalls etwas gewonnen: die Chance, entweder etwas wieder gut zu machen, mindestens aber aus dem zu lernen, wie es gelaufen ist, um beim nächsten Mal erfolgreicher zu sein.

Spätestens, wenn Sie auf Ihre gesammelten Empfehlungen schauen, werden Sie erkennen, dass Sie offenbar auch als Nicht-Verkäufer-Typ auf sehr erfolgreiche und sehr befriedigende Weise verkaufen können. Genießen Sie diesen Moment und freuen Sie sich auf Ihre nächsten Kundengespräche. Ich wünsche Ihnen dafür viel Erfolg!

> **Auf einen Blick: Kunden dauerhaft binden**
>
> - Um dauerhaft überzeugend zu sein, muss man seinen Worten auch die passenden Taten folgen lassen. Im Verkauf bedeutet das in erster Linie: unter allen Umständen verlässlich sein und verlässlich bleiben, auch in stressigen Zeiten.
> - Wenn es um die Frage geht, sich für einen Kundenjob oder eine andere wichtige Aufgabe zu entscheiden, sollte die Antwort stets lauten: Kundenjob zuerst!
> - Eine starke Bindung entsteht, wenn Kunden mehr erhalten, als sie erwartet haben. Überlegen Sie deshalb, was Sie ihnen Besonderes bieten können.
> - Stellen Sie sicher, dass Sie auch nach einem Auftrag regelmäßig im Kontakt mit Ihrem Kunden bleiben und sich um ihn kümmern.
> - Positive Bewertungen von Kunden sind mächtige Werbe- und Marketingmittel. Sie sollten sie deshalb systematisch einholen und nutzen.

Stichwortverzeichnis

Akquise-Flow 49
Ausstrahlungs-Check 56

Bedarfsermittlung 80
Begrüßung 61

Coping 63

Denkfalle 36
Dresscode 60
Drückermethode 9

Eindruck, erster 58
Einwandbehandlung 96
Embodiment 57
Empathie 20

Gesprächsverlauf 26
Gesprächsvorbereitung 51

„Jetzt oder später Genuss"-Dilemma 113

„Kampf- & Dampf"-Verkäufer 13
Körpersprache 20, 91
Kundenanalyse 47
Kundenbindung 116

Mehrabian-Formel 21

Paraphrasieren 88
Persönlichkeitsmodell 67
Persönlichkeitsstrukturanalyse 67

Rapport herstellen 63
Referenz, Definition

Small Talk 65
Spiegel-Technik 62

Testimonial, Definition

Verhandlungskorridor 101
Verkäufertrick 10
Verkäufer-Typ 16
Verlässlichkeitsfalle 112

Wahrnehmungsfilter 30
Wenn-dann-Prinzip 89
Werbesprech 78
Wiedervorlagesystem 121
Win-win-Situation 100

Zuhören 85

Impressum

Bibliografische Information der Deutschen Nationalbibliothek
Die Deutsche Nationalbibliothek verzeichnet diese Publikation in der Deutschen
Nationalbibliografie; detaillierte bibliografische Daten sind im Internet über
http://www.dnb.dnb.de abrufbar.

Print: ISBN: 978-3-648-12279-2 Bestell-Nr.: 10754-0001
ePub: ISBN: 978-3-648-12280-8 Bestell-Nr.: 10754-0100
ePDF: ISBN: 978-3-648-12281-5 Bestell-Nr.: 10754-0150

Peter Gerst
Kunden überzeugen und gewinnen – Verkaufen für Nicht-Verkäufer
1. Auflage 2019

© 2019, Haufe-Lexware GmbH & Co. KG, Munzinger Straße 9, 79111 Freiburg
Redaktionsanschrift: Fraunhoferstraße 5, 82152 Planegg/München
Internet: www.haufe.de
E-Mail: online@haufe.de
Redaktion: Jürgen Fischer

Konzeption, Realisation und Lektorat: Nicole Jähnichen, www.textundwerk.de
Umschlagentwurf: RED GmbH, Krailling
Umschlaggestaltung: Kienle gestaltet, Stuttgart
Satz: Reemers Publishing Services GmbH, Krefeld

Rechteinhaber für das in diesem TaschenGuide beschriebene PSA©-Modell ist die
Vertriebs- und Management Training GbR, 65439 Flörsheim am Main.

Alle Angaben/Daten nach bestem Wissen, jedoch ohne Gewähr für Vollständigkeit
und Richtigkeit.
Alle Rechte, auch die des auszugsweisen Nachdrucks, der fotomechanischen
Wiedergabe (einschließlich Mikrokopie) sowie der Auswertung durch Datenbanken
oder ähnliche Einrichtungen, vorbehalten.

Der Autor

Peter Gerst

ist Trainer, Autor, Speaker und DIN-zertifizierter Business Coach. Sein Thema ist »Menschen gewinnen und Wirkung entfalten« – und zwar glaubwürdig, authentisch und gerade deshalb nachhaltig überzeugend. Führungskräfte, Verkäufer und viele andere Menschen, bei denen es auf einen wirkungsvollen Auftritt ankommt, profitieren von seiner »360°«-Berufserfahrung als PR- und Marketingberater, Creative Director einer PR- und Werbeagentur, Journalist beim Hessischen Rundfunk, Schauspieler und Theaterregisseur sowie als langjähriger Vertriebs- und Personalleiter in unterschiedlichen Branchen.

Mehr über ihn und sein Thema erfahren Sie auf der Website www.peter-gerst.de sowie der Podcast-Seite www.abenteuer-menschen-überzeugen.de.

Weitere Literatur

»Willensstärke«, von Reinhold Stritzelberger und Peter Gerst, 128 Seiten, EUR 7,95, ISBN: 978-3-648-07098-7, Bestell-Nr.: 10711

»Überzeugungskraft«, von Peter Gerst, 128 Seiten, EUR 7,95, ISBN: 978-3-648-09409-9, Bestell-Nr.: 10729

HAUFE.

WIE NETZWERKEN GELINGT

128 Seiten
Buch: **€ 9,95** [D] | eBook: **€ 3,99**

Dieses Buch beschreibt die zentralen Erfolgsregeln des Networkings – persönlich und im Social Web. Lesen Sie, wie Sie Ihr persönliches Netzwerk aufbauen und es zur Karriereplanung einsetzen können.

Jetzt versandkostenfrei bestellen:
taschenguide.de
0800 50 50 445 (Anruf kostenlos) oder in Ihrer Buchhandlung